父母必读养育系列图书

# 中国父母应该知道的120个育儿细节

父母必读杂志社　编著

北京出版集团公司
北　京　出　版　社

图书在版编目（CIP）数据

中国父母应该知道的·120个育儿细节 / 父母必读杂志社编著. — 北京 : 北京出版社，2017.3
ISBN 978-7-200-12963-2

Ⅰ. ①中… Ⅱ. ①父… Ⅲ. ①婴幼儿— 哺育 Ⅳ. ①TS976.31

中国版本图书馆CIP数据核字 (2017) 第081939号

中国父母应该知道的　120个育儿细节
ZHONGGUO FUMU YINGGAI ZHIDAO DE　120 GE YU'ER XIJIE
父母必读杂志社　编著
*
北 京 出 版 集 团 公 司
北　京　出　版　社　出版
（北京北三环中路6号）
邮政编码：100120
网　址：www.bph.com.cn
北京出版集团公司总发行
新　华　书　店　经　销
北京市雅迪彩色印刷有限公司印刷
*
787毫米×1092毫米　16开本　6印张　97千字
2017年3月第1版　2017年3月第1次印刷

ISBN 978-7-200-12963-2
定价：29.80 元

## “中国父母应该知道的”系列图书<br>编委会

# 序言 | 养育孩子，细节见温度

在这个世界上，有多少种爱的表达，就有多少种礼物。孩子的出生，是给父母最好的礼物；父母无私的爱的养育，也同样是给孩子最好的礼物。

宝贝的降生，就像诺贝尔文学奖获得者切斯瓦夫·米沃什在诗歌《礼物》中所说：这是如此幸福的一天，我漫步在花园里，对于这个世界，我已一无所求，我知道没有一个人值得我羡慕……这是诗人馈赠给自己心灵的礼物，也是初为人母的你，面对嗷嗷待哺的小生命时，内心最真实的感觉：这就是我将耕耘一生的秘密花园。

在这座花园里耕耘的你，将如何精心养育孩子作为一生的重要课题。

随着孩子一天天长大，他所要面对的不仅是身体的成长，更有心理的变化。在此过程中，孩子不可避免地会遇到各种状况，如吃奶问题、睡眠问题、营养问题、体重与身高问题等。而且，每个孩子都是独立的个体，身体的发育状况会有不同，每个家庭、每个孩子都会面对独特的问题。因此，每位父母都希望能得到专业医生的个性化指导，根据孩子的情况，给出合理化的建议与方案，帮助孩子健康快乐地成长。

本书立足于中国父母最关心的育儿细节，邀请不同领域专家为父母细心解读孩子们的养育问题。同时，将育儿细节按专业领域做了划分，便于父母迅速查找到自己想要了解的养育问题。

希望这本书能够帮助您更好地面对儿童的健康问题，主动积极地预防疾病，在日常的点滴生活中从小培养起孩子健康的生活习惯。

恽梅

《父母必读》杂志　主编

# 目录

## 第五章 疫苗接种 31



## 第六章 体重与身高 36



## 第七章 眼睛 40

## 第八章　口腔　47



## 第九章　耳鼻喉　53



## 第十章　头发　57

## 第十一章　皮肤　59



## 第十二章　血液　67



## 第十三章　性发育　71

# 第一章

# 哺 喂

## 1. 宝宝为何易吃进空气？

**问：我孩子 5 个月，两个月起每次吃奶都吃进不少空气，这是为什么？**

答：估计你孩子吃奶时的劲比较大，吮吸能力强，吃奶猛。另外，在吃母乳时没有把乳晕部分也含在嘴里，就会导致把空气也吸进去。在喂配方奶时，硅胶奶嘴中没有充满乳汁，也易吸进空气。喂母乳时，让孩子含紧乳头，喂配方奶时硅胶奶头中要充满乳汁，不要让一半空着，这样就可避免吃进太多的空气。

## 2. 宝宝吃饱了吗？

**问：我的女儿每次喂奶都是吃了一小会儿就睡了。我怕孩子没吃饱会挨饿，常把孩子弄醒再喂，反反复复几次，一天到晚，好像就是在为她的吃“打仗”。**

答：其实，婴儿也知道饱与饿，他们饿了哭，吃饱了吐出奶头就睡了。一般母乳充足时，婴儿仅吃 15 ～ 20 分钟就吃得很饱了。如果一个婴儿体重正常增长，就说明母乳够吃了。婴儿这一次吃母乳多些，下次吃得少一些，也没关系。

## 3. 宝宝怎么一吃母乳就拉稀？

**问：我的孩子刚满月，他一吃我的奶就拉稀，一天大便四五次，改吃配方粉后一天只拉一两次成条的大便。我是不是该给他换配方粉了？**

答：其实，吃母乳的婴儿，一天大便四五次，每次大便量并不多，黏黏糊糊不成形的软便，属母乳性大便，并非腹泻，因此完全不必改用配方粉喂养。有的母亲改用配方粉后，反而为孩子便秘而发愁，她们的孩子两三天才解一次羊粪球似的大便，有时肛门直滴血。等再想恢复给孩子吃母乳，已没奶水了。如果你的母乳够，孩子吃你的奶后身高、体重增长正常，就属于正常情况，不必为此改换配方粉。

## 4. 吃母乳的宝宝什么也不用加吗？

**问：我儿子快3个月了，母乳喂养，长得很好。有的书上说，孩子出生半个月要加鱼肝油1 ~ 2滴，而有的书上则说，吃母乳什么都不用加，是这样吗？**

答：母乳是孩子非常好的营养品，其中的营养元素构成十分科学，符合该年龄段宝宝的生长发育需求。一般情况下，母乳喂养的孩子，建议从出生后开始每天补充400 ~ 800国际单位的维生素D即可。

## 5. 7个月的宝宝不喝奶怎么办？

**问：我女儿快7个月了，从5个多月开始就不愿意喝配方粉。每天喂奶要想尽办法，如往奶嘴上蘸一点儿苹果汁、橙汁，也换了几种牌子的配方粉，每天也喝一些。但近几天，她看见奶瓶就躲，任何方法都喂不进去。每天喜欢吃小面条、鸡蛋糕、二米粥（一吃米粉就呕吐）。她现在没有长牙，但很喜欢咬牙胶。**

答：确实有些孩子在这个阶段不愿喝奶。不过，这个时期更重要的是让孩子摄取足够、均衡的营养。随着孩子的逐渐长大，乳汁所供给的量和营养素日显不足。同时，婴儿的消化系统也逐渐成熟，乳牙萌出，口腔有了咬切、咀嚼、吞咽非液体食物的能力，可以接受其他种类的食物。这就是我们所说的应该添加辅食的时候了。对于不爱吃配方粉的孩子，可以喂50 ~ 100ml的配方粉并及时添加辅食。

到7 ~ 9个月大时，可让婴儿试着吃烤面包片或松脆的饼干，这样能促进乳牙的萌出，并可训练婴儿用手去抓取食物吃，学习咀嚼固体食物，咬牙胶也是这个道理。

## 6. 宝宝8个月了，能让他吃哪些调味品？

**问：我的孩子8个月了，之前给他的食品中，很少添加调味品。但最近看到一些书上说，适当添加一些调味品有利于锻炼孩子的味觉。我想给孩子尝试加一些调味品，但不知怎样做？**

答：孩子1岁以内，食物中不必添加任何调味品。除了盐以外，沙拉酱、西红柿酱、酸奶等食物里都含有添加剂。大人们用的调味料，如味精、糖精、辣椒粉、咖喱粉等，是不适合孩子吃的，更不能加到孩子的食物中去。

## 7. 宝宝何时断奶？

**问：孩子已经 17 个月了，仍吃母乳。白天三餐吃粥、面条、蛋羹、蛋黄，什么时候该给孩子断奶？**

答：为孩子断奶，首先要按月龄及时添加辅食。如果辅食添加得合适，1 岁多的宝宝已能吃三餐了，断奶则是比较容易的事情。世界卫生组织提倡在添加辅食的基础上将母乳喂养坚持到两岁或更长时间。可以断奶的条件：① 已开始吃其他食物了，如粥、面条、蔬菜、水果等；② 孩子在断奶前后身体健康，尤其是没有腹泻等消化道疾病；③ 气候适宜，不冷不热的季节最好，三伏天不宜给孩子断奶。

这里说的断奶，指的是停止吃母乳。实际上更确切的说法应该是换奶，即让孩子

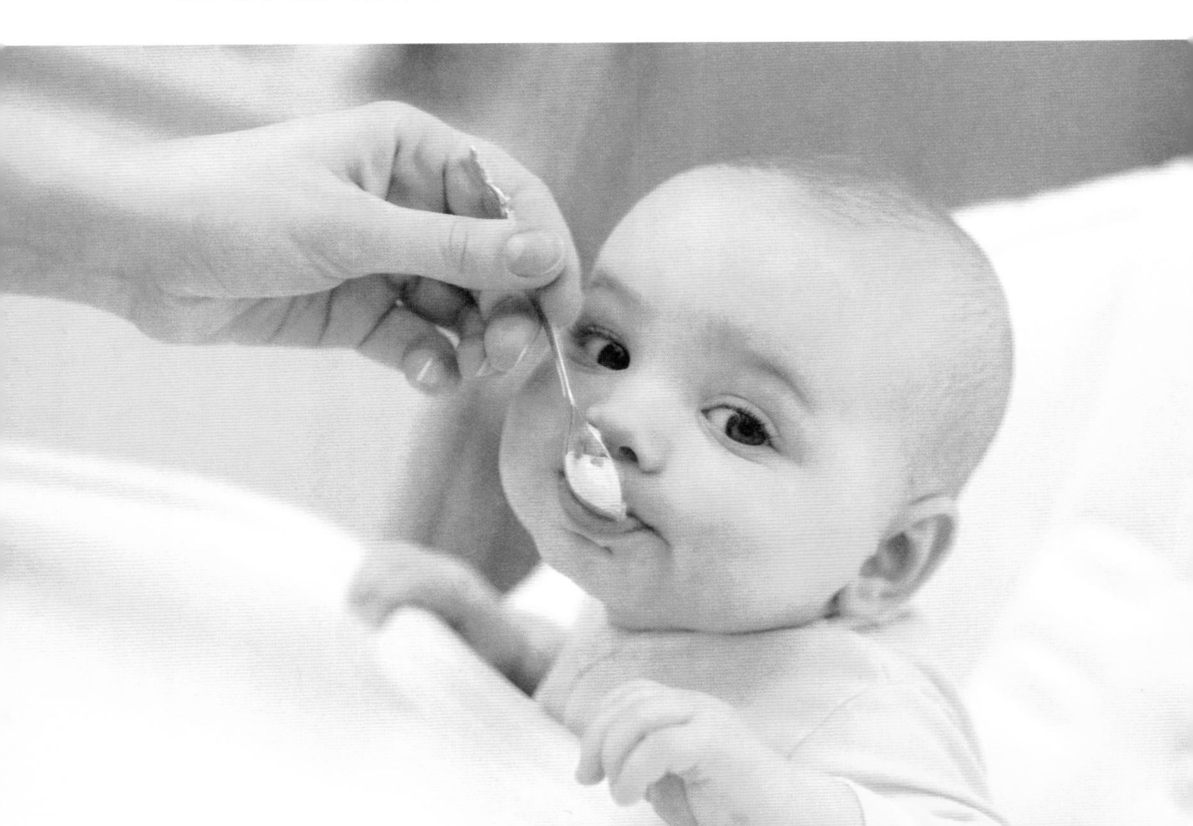

改喝牛奶。牛奶应该终身饮用，对孩子的生长发育非常重要。

## 8. 妈妈哺乳期服“感康”“氟哌酸”影响婴儿吗?

**问：我在哺乳期，曾服用两三片“感康”和“氟哌酸”，不知对婴儿有无影响?**

答：“感康”和“氟哌酸”对婴儿有影响，但影响大小与服用量的多少和时间长短有关。你只服用几粒，量不大，次数也不多，而且通过乳汁到达婴儿体内的量更少，不会对婴儿造成什么影响。

## 9. 强迫喂食会造成宝宝厌食吗?

**问：宝宝 3 个半月时，我上班了。从此除母乳外，他什么都不爱吃。至今只能以米糊为主食，且吃不多。无奈，爷爷奶奶就强迫用勺喂食。现在孩子看到勺子就怕，就躲。8 个半月了，身高、体重均未达标。我该怎么办？**

答：强迫喂食会使宝宝对进餐（喂食）很反感，这是造成厌食的原因之一。边吃边玩，骗宝宝吃上一口及吃零食都是错误的进餐方式。应让宝宝定时、定量、定地点（餐桌）进餐，最好三餐与成年人同桌进餐，形成良好的进餐气氛。不要吃零食、甜食（包括糖水），不强迫喂食。为引起宝宝对食物的兴趣，可以给他一些食物让他自己“抓”着吃。8 个月的宝宝正处于“啃”食阶段，不要怕他吃不好，能吃多少是多少。

## 10. 孩子经常呕吐怎么办?

**问：我的孩子已 3 岁，平时容易吐，该怎么办？**

答：小宝宝易吐有其生理因素，他们的胃呈水平位，吃的量多些，体位不合适就容易吐。大一点儿的孩子咳嗽厉害时吐、哭闹时吐，应该说也是正常现象。要注意喂养方法，不要过饱或饮食不节制。治好原发病（如咳嗽）以后，呕吐也就不发生或少发生了。此外，还应当注意有无其他伴随症状，如伴有头痛时要去医院检查，排除中枢神经系统疾病引起的呕吐；伴有腹痛时要注意消化道疾病，必要时还须排除外科疾病。

## 11. 孩子不爱吃菜怎么办？

**问：女儿1岁多了。10个月断母乳后，除奶之外，最爱吃的是米糊。最爱喝的是秋梨膏水，白开水一口不喝。吃菜更困难。为了让孩子吃菜，姥姥把菜切得碎碎的，包成小馄饨、小饺子，还要切得再碎些才能喂到口中。苹果还不能自己啃，得大人给刮泥吃。我们该怎么办呢？**

答：可以从以下几个方面着手纠正。

1. 通过讲故事，让孩子明白吃菜能长高、不生病等道理。

2. 与成人一同进餐，营造良好的进餐气氛。在餐桌上不要“教训”孩子，而是说：“这菜真好吃，你也吃一口。”

3. 为了让孩子慢慢形成吃菜的习惯，开始时可以把菜切得碎些。不要给她吃甜食（包括含糖饮料），也不吃零食，这样，孩子的食欲会好些。每餐开始可以先让她吃菜，这些菜尽可能做得好看些，也可以做成汤、蔬菜沙拉、凉拌菜等。

4. 当孩子再大一些时，可以让她自己动手参加到做菜的过程中去，比如拌凉菜、做沙拉，都可以让她动手拌，拌好分给大家吃。大家都说好吃，也让她尝尝。

最忌成人以自己的好恶在孩子面前评价哪个菜好吃、哪个菜不好吃。这种评论，会影响孩子对菜的好恶。尤其母亲说什么菜不好吃，一半以上的孩子会随着母亲也不喜欢这种菜。

## 12. 孩子是否也要晨起先喝白开水？

**问：我儿子现在快3周岁了，他是否也要养成晨起先喝白开水的习惯（中医提倡晨起要先喝水以促进胃肠蠕动）？用蜜水、稀释的牛奶代替可否？喝多少水为宜？要等半个小时以后再进餐吗？孩子一直都喝某个品牌的配方粉，有点儿上火，每次都得一瓶牛奶喝过后再喝一瓶白开水，否则尿液就显得黄一些。我想，能否改成每次**

**都喝稀释的牛奶？**

答：目前，从儿科学的角度来说，并未提倡晨起先喝白开水。但幼儿多夜间不饮水或饮水量较少，故晨起应补充一定量的液体，以饮用牛奶为佳。饮用量根据小儿平时进食量而异，多为 250ml 左右。最好同时进食一些面包、饼干等食品。

小儿尿色黄与喝水量少有关，与配方粉品牌无关。应注意每日饮水量，不必改为喝稀释奶。

## 13. 孩子为何吃得少总生病？

**问：孩子 3 岁了，自从 6 个月断奶后，就不好好喝牛奶，至今仍是厌食，经常患感冒、扁桃体炎，现在体重只有 10kg。**

答：你的孩子食欲不好，问题出在断奶准备不足。由于长期厌食造成机体抵抗力下降，所以经常患病。患病又影响食欲，两者形成恶性循环，更加不利于孩子的健康和食欲。可以进行一些必要的检查，如微量元素、血色素等，如果发现缺乏某些微量元素，可以进行补充，并在治疗后进行复查，同时进行饮食调整，还可以吃些改善食欲的中药调理脾胃。

## 14. 重度营养不良有什么表现？

**问：我女儿 1 岁 8 个月，走路、说话都较好，就是个子有点儿小，不好好吃饭，肌肉松弛。到医院检查，医生说是三度营养不良，请问重度营养不良有什么表现？**

答：重度营养不良儿体重比正常儿少 40% 以上，身长亦小，且发育迟缓，呈皮包骨状，臀部、面部脂肪消失，额部多皱纹呈老人貌，皮肤干燥苍白，完全失去弹性，精神萎靡或呆滞等。

## 健康加油站

### 添加辅食的原则

① 每次只添加一种新食物，同时观察宝宝吃了以后有没有异常反应，如果出现异常反应，要暂停让宝宝吃这种食物。

② 辅食添加要遵循从稀到稠、从少到多的原则，切记不可同时添加多种食物。

③ 应让孩子从小就习惯各种食品的味道，同时学会咀嚼，而不仅仅是吞咽。

④ 红肉（猪肉、牛肉、羊肉）富含铁元素，对发育期的宝宝很重要。鸡蛋、鱼虾因易引起过敏，不要过早添加。

⑤ 1岁以内不要添加调味品，如果饮食过甜，易养成过浓的口味和变得肥胖，甜食也易引起龋齿；若食物过咸，会增加肾脏负担，宝宝摄取盐分过多，将来易患高血压病。

辅食这样添加：世界卫生组织建议6个月后添加辅食。我们一般建议，给宝宝添加辅食的时间最好在4～6个月之间，应根据宝宝的具体情况灵活掌握，但不能早于4个月，也不能晚于8个月，早产宝宝应按矫正月龄计算。

给宝宝添加的第一种辅食最好为市售的婴儿营养米粉。它以大米为主要成分，不易引起过敏，并且添加了宝宝生长发育所需的多种营养素，富含铁、钙、维生素D等，有些还添加了益生菌或益生元，有利于宝宝的肠道健康，更易于消化吸收；还可预防缺铁性贫血、维生素D缺乏性佝偻病等婴幼儿常见病。

以往曾有过建议最先给宝宝添加的辅食为蛋黄，这一观念目前已经得到了纠正。蛋黄营养成分不够全面，不易消化吸收，还可能导致宝宝过敏，因此一般建议宝宝8个月后才加煮熟的蛋黄。因蛋白更易致敏，最好1岁后再给宝宝加蛋白。

### 维生素A缺乏与维生素A中毒

小儿维生素A缺乏症是因维生素A缺乏引起的小儿全身性疾病。维生素A在人体内的主要功能有以下几个方面：① 构成视觉细胞的感光物质，以维持暗光下的视觉功能；② 维持细胞膜的稳定性，以确保上皮细胞或黏膜上皮细胞的完整性；③ 促进骨骼（及牙齿）的生长；④ 增强机体免疫功能；⑤ 维持正常生殖功能。

维生素A缺乏的临床症状出现得很快，眼部症状出现得最早。初为暗视障碍，小儿不会诉说，往往在傍晚玩耍时碰倒或摔倒，是夜盲症的表现。夜盲症以1 ~ 4岁宝宝发病率最高。此时如未经治疗，约数周后宝宝角膜、结膜将失去光泽，出现角膜干燥斑，泪少、畏光，因干燥使宝宝经常眨眼、用手揉眼等。此时再不治疗，则会造成角膜溃疡，甚至穿孔、失明（多为双侧）。

全身皮肤上皮细胞角化是维生素A缺乏的第二大症状。由于皮肤角化，角化物填充于毛囊内，这就是俗称的"鸡皮疙瘩",4岁以上更多见。指甲变脆易断裂、失光泽，毛发干燥易脱落。由于免疫功能低下，易反复患呼吸道感染、泌尿系感染等。

维生素A缺乏症的诊断，除靠早期发现临床症状外，最可靠的诊断指标是测定血清维生素A含量。宝宝正常血清维生素A值为300 ~ 500μg/L, 患儿可低至200 ~ 100μg/L以下。

维生素A缺乏症是完全可以预防的，且方法简单可靠，可用多种方法供给维生素A: ① 胎儿期孕母应食用富含维生素A的食物。② 婴儿母乳喂养是确保维生素A供给的最佳方案。如无母乳或母乳不足，应供给婴儿全脂牛乳、豆浆等。随月龄增加，及时给婴儿加蛋黄、胡萝卜、西红柿等。③ 对早产儿则应在医师指导下服用维生素A浓缩制剂。足月顺产婴儿每日维生素A的预防量为1500 ~ 2000国际单位，儿童为2000 ~ 4500国际单位（1000国际单位的维生素A，相当于300μg视黄醇当量）。

在防治维生素A缺乏的同时，还要防止维生素A过量中毒。个别人因用羊肝治眼疾，也曾引起维生素A中毒事件。急性中毒的症状有食欲减退、嗜睡或烦躁、恶心呕吐。小婴儿前囟膨隆，头围短期内增长甚至有骨缝裂开等颅压增高症状。慢性型中毒症状早期有烦躁、食欲减退、多汗、脱发、低热。还可有转移性骨痛、颅压增高及双眼内斜视、复视，皮肤瘙痒、脱屑，口唇皲裂，毛发干枯，腹痛，身高不增等。预防维生素A中毒，首先是严禁滥用浓缩鱼肝油及维生素A制剂，孕妇亦然，以免致畸。其次是要防止宝宝自取或误食鱼肝油丸或维生素A丸。最后是一旦发生中毒症状要立即停止使用含维生素A的制剂，停止食用富含维生素A的食品。

# 第二章

# 营　养

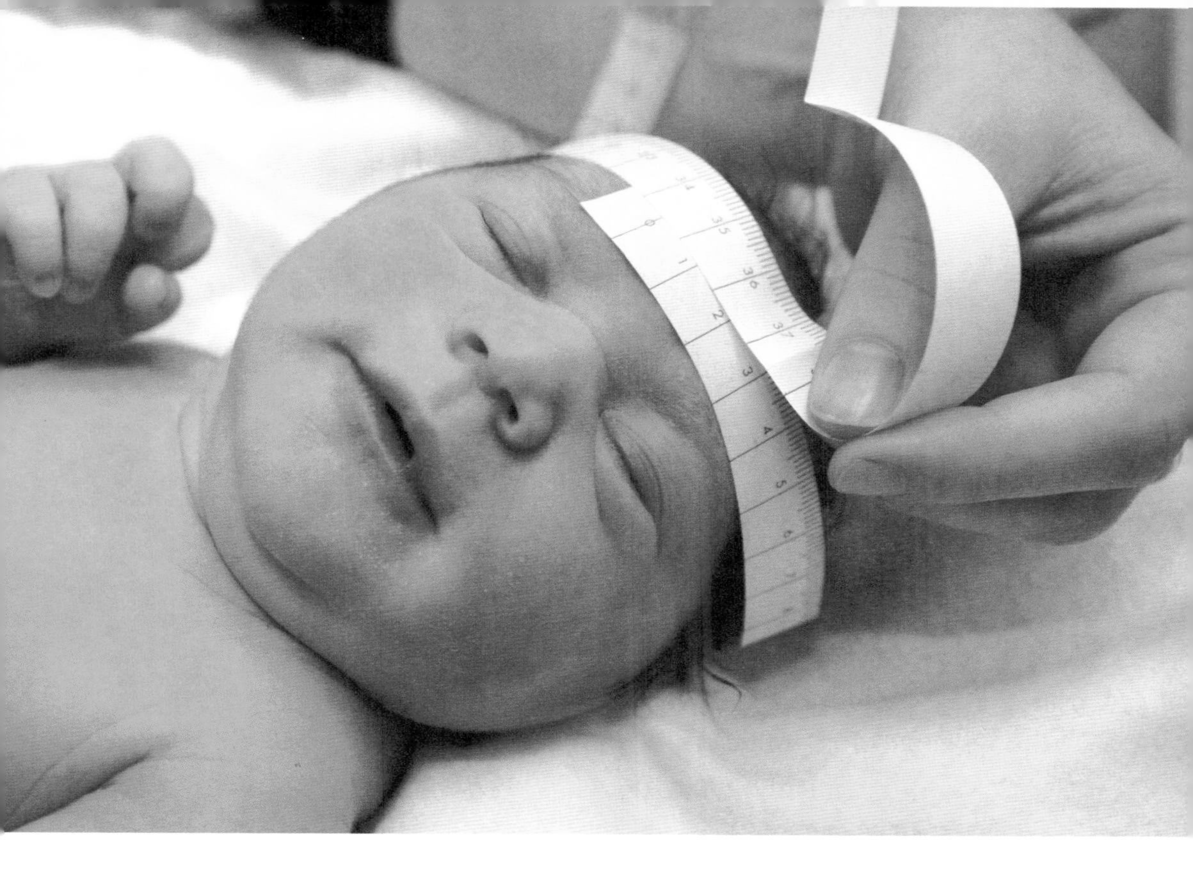

## 15. 宝宝头围小于胸围是缺钙吗?

**问：我儿子在 3 个月时，头围为 41.5 ~ 42cm，胸围为 44 ~ 45cm。医生说头围小于胸围是缺钙的表现，但无其他方面缺钙表现。**

答：宝宝的头围数值是在正常范围，而胸围超过一般的正常范围。对于 3 个月的宝宝来讲，头围通常略大于胸围，或两者相近。由于胸围的大小变化与宝宝的胖瘦、皮下脂肪多少有关，所以超过正常范围并不能说有病。缺钙 ( 严格地讲应为佝偻病 ) 时，常常是头围增大而不是变小。

## 16. 宝宝何时补钙、补维生素 D，应补多久?

**问：我孩子从出生 4 个月开始补充钙和维生素 D，请问要补到多大？**

答：纯母乳喂养的宝宝，从出生后开始，每天要补充 400 ~ 800 国际单位的维生素 D。混合喂养或人工喂养的宝宝，补充维生素 D 的量要根据配方粉中所含的维生素 D 来计算。如果配方粉中的维生素 D 已经足够，就不用额外补充了。

## 17. 宝宝前囟小还能补钙吗?

**问: 儿子 7 个月, 医生说他前囟小, 如再补钙, 前囟闭合过早, 会影响大脑发育。对吗?**

答: 一般讲, 前囟闭合早些, 并不影响脑的发育。婴幼儿前囟闭合后, 头围还在增大, 说明脑仍在发育。一般所见到的小头畸形, 多在出生时就脑发育不全, 而非因用钙多致前囟闭合早而造成。如其他方面缺钙症状很明显, 要在医生的指导下补充维生素 D。

## 18. 宝宝夜啼、厌食、盗汗是何因?

**问: 我的宝宝 9 个月, 服用钙片, 注射维生素 D, 口服硫酸锌等, 仍夜啼、厌食、盗汗严重, X 线摄片为佝偻病恢复期。出现上述表现是何原因?**

答: 从你的宝宝情况看, 不是活动期佝偻病的表现。虽为恢复期, 仍应服用预防量的维生素 D, 直到两岁半。厌食中最常见者为喂养方法问题, 如孩子生长发育正常, 则说明摄入的营养是足够的。孩子爱出汗, 也不一定是盗汗。

## 19. 宝宝长牙慢、胆量小, 是否缺钙?

**问: 我家宝宝 1 岁 5 个月, 8 个月出牙, 到 11 个月出 8 颗牙后, 至今不再出牙。平日胆子小, 大人吵架, 拉拉扯扯, 他就吓得哭, 请问是否都因缺钙?**

答: 宝宝从 8 个月开始出牙属正常发育。大多数佝偻病活动期的孩子出牙慢些, 可在医生的指导下补充维生素 D, 正确添加辅食。宝宝被大人吵嘴、打架吓哭了, 是常见的事, 但不应在宝宝面前发生这类事情。宝宝胆子小属性格问题, 与缺钙无关。

## 20. 孩子走路易摔跤是否缺钙?

**问: 我孩子 3 岁 (31 个月), 周岁会走路, 几乎天天要摔跤, 是缺钙吗?**

答: 其实, 你的宝宝只有 2 岁 7 个月。如孩子脚劲挺大, 也能跑, 就是易摔跤, 与骨骼没什么关系。有可能是孩子走路还不稳，尤其在跑、拐弯时易摔跤，将来会好的。也有的情况是因关节活动度大。

## 21. 混合喂养或人工喂养的宝宝需要补钙吗？

**问：我的宝宝快 3 个月了，从他出生我的奶量就很少，搭着婴儿配方奶粉喂，最近几乎全都喂配方粉了，请问需要给他补钙吗？**

答：对于混合喂养或人工喂养的宝宝，钙剂的补充量主要根据下面两种情况来决定：一是宝宝喝的是什么种类的奶，二是宝宝每天喝入的奶量和所吃食物的种类。如果宝宝喝的是配方粉，而且每天摄入的量足够，一般不需要额外补充钙剂；如果宝宝喝的是鲜牛奶，尽管含钙量高，但由于牛乳中钙和磷的比例不合适，影响了钙的吸收，可向医生咨询，是否需要补充维生素 D 和钙。

## 22. 我的宝宝缺锌吗？

**问：我的儿子现在已有9个月了。4个月时，做微量元素测评就发现缺锌（是通过验血检查的），数值为30.2μmol/L，其他微量元素值基本正常，含铅量也不高。到9个月做测评时数值仍为30μmol/L。我曾断断续续地给他补过锌，不知道是因为我补得不够还是有其他方面的问题？如果到医院做检查应该做什么样的检查？另外，锌的吸收与哪些因素有关系？**

答：建议带孩子到医院做血锌的检查，如果血锌低，要进行正规的补锌治疗，同时给孩子食用一些含锌丰富的食品。一般情况下经过这样的治疗后，孩子的缺锌情况会好转。若没有改善，应该进一步检查胃肠吸收功能。影响锌吸收的因素主要有腹泻，服用某些药物，饮食以谷物为主等。另外牛奶中的锌不如母乳中的锌好吸收。

## 23. 孩子体内含铅量大大超标怎么办？

**问：未满3岁的女儿体检时发现体内含铅量大大超标。有人说含铅过高会影响身体及智力的发育，请问有什么办法让她体内的铅排出？**

答：仅说小儿体内含铅量“大大超标”，不可以判断出是否有铅中毒。因为国家有严格的标准，不可用大小两个字来判断。因为首先应避免孩子吃进含铅的食品，如爆米花、塑料包装食品等；不可接触带漆的玩具、家具；不要带孩子到汽车流量大的马路上去逛，以免吸进含铅量高的汽车尾气……如果已达到铅中毒的程度，则应立即住院进行排铅治疗，以免对孩子生长发育造成不良影响。

# 第三章

# 睡　眠

## 24. 宝宝睡偏了头需要治疗吗?

**问：我家宝宝 5 个多月，一直平躺，但还是后脑勺左右两边一高一低——睡偏了头。请问怎样睡才好？睡偏了头需要治疗吗？长大了能好吗？**

答：5 个月小儿头睡偏了，如从现在开始采用“多方位”睡法，能使睡偏的头有所改善。睡偏了头，及早纠正，长大了会慢慢长好。为了孩子小时候头形漂亮还是应该从小注意孩子的睡眠姿势。

## 25. 宝宝才 6 个月，为什么睡觉那么少?

**问：我的宝宝 6 个月，睡觉少，夜里经常醒来，白天也睡得少，一会儿就醒，精神头还好。晚上 8 点睡，早晨 5 点起（中间还常醒，有时有尿，有时没尿，吃口奶才能睡），白天也就能睡 2 ~ 3 个小时，难入睡，还爱醒。这种情况正常吗？还是有什么问题?**

答：孩子的觉普遍多于成人，但每个孩子都有自己的个性，存在睡眠时间长短不一的个体差异。但只要孩子生长发育速度正常，醒后精神、食欲均好就不必担心。

## 26. 宝宝趴着睡要纠正吗?

**问：我儿子 10 个多月，总爱趴着睡，难以纠正。请问宝宝趴着睡是病吗？**

答：宝宝趴着睡不是病态，不需纠正。而且宝宝已 10 个多月，趴着睡一般也不会出现窒息，因此不必担心。

## 27. 怎样改掉宝宝“不吃奶就不睡”的习惯?

**问：我女儿已 9 个月，母乳喂养，无论白天或黑夜，不吃奶就不睡觉，我们担心怎样才能断奶呢？**

答：你的宝宝从小没有养成定时喂奶的习惯，一哭，就用给奶吃来解决。现在要逐步养成规律的进食习惯。开始可能有一定困难，只要坚持下去，这种习惯一定会纠正过来。

## 28. 孩子夜间为何常哭闹？

**问：我女儿已 3 岁多，一切都好，就是晚上睡觉后经常哭闹，这是什么原因？**

答：你女儿的这些表现不是有病。现在孩子们白天接触的面很广，晚上的梦也做得多，加上还有冷热、饥渴、憋尿等原因造成的不适都会导致夜间哭闹。加强睡前护理工作，注意睡前不要让孩子太兴奋，衣着、被褥薄厚应适宜，睡前不宜吃过多的液体食物，不要吃得过饱等，这种哭闹状况慢慢地便会得到相应的改善。

## 29. 孩子睡觉该不该用枕头？

**问：我的孩子快 6 岁了，从出生到现在一直没用枕头，这样好吗，儿童保健药枕是否可用？**

答：婴儿睡眠不需用枕头，3 个月左右随着孩子会抬头，颈部第一个生理弯曲——颈部脊柱前凸的出现，可以从生理和舒适的角度出发，根据睡眠时头与躯体应在同一水平略高些的条件来为孩子选择适宜的枕头。至于儿童保健药枕，一般对健康儿童意义不大。

## 30. 孩子睡觉时磨牙影响健康吗？

**问：我女儿 4 岁，睡觉时磨牙，能治好吗？**

答：引起夜间磨牙可能有多方面的原因，如胃肠道功能紊乱、龋齿等口腔疾病、维生素 D 缺乏、肠寄生虫等均可引起夜间磨牙。因此首先应该寻找出磨牙的真正原因，然后对症施治，方可产生良好效果。

## 31. 孩子一瞌睡就吃手怎么办？

**问：我的孩子下个月就2周岁了，但是从小一瞌睡就吃手的毛病（平时不吃手，睡前吃）到现在也没纠正过来，办法也想了不少，贴胶布，抹辣子，可都无济于事，现在右手大拇指已被吮吸得变了形，而且留下了疤，我知道这样既不卫生又不安全。该怎么办？**

答：这么大了还吃手，应予以纠正，否则不但影响孩子牙齿的发育，如果手不干净还会把细菌、病毒带入口中，造成消化道的感染。有些孩子吃手是因为有孤独感或其他心理因素，希望你多观察，并可用转移注意力的方法帮助孩子矫正吃手的行为。同时在未能纠正吃手的毛病时还应注意手的清洁，防止病从口入。

## 健康加油站

### 缺锌与补锌

锌是维持人体生命必需的微量元素之一，成人体内含锌量约为2g。锌在人体内的主要作用是参与核酸代谢及蛋白质合成，也参与糖、脂类及维生素A等的代谢。锌是细胞增殖和人体生长发育必需的物质。锌对处于生长发育最快时期的小儿更加重要，小儿需要量相对大于成人。

小儿缺锌的主要临床表现：① 厌食。缺锌时味蕾功能减退，味觉差，食欲差，且含锌消化酶活力降低，故消化功能也差，小儿因此厌食。② 小儿生长发育落后。其身高、体重均低于同龄儿，严重缺锌者影响智力发育，青春期第二性征出现晚。③ 异食癖。喜吃墙皮、泥土、草根、煤渣、指甲、纸张等。④ 易感染。因缺锌导致细胞免疫及体液免疫功能低下。⑤ 皮肤黏膜改变。缺锌易反复发作口腔溃疡、地图舌、秃发等。⑥ 严重缺锌造成维生素A代谢障碍，出现夜盲症。

预防锌缺乏：① 提倡母乳喂养。人乳中的锌比牛乳中的锌更好吸收。② 按时添加辅食。随月龄增加，母乳中的锌已不能维持婴儿生长发育的需要，应及时加米粉、瘦肉、蛋黄、豆浆等各种辅食。③ 当小儿发热、腹泻时间较长时，更应注意补充含锌食品。

小儿锌缺乏病的治疗，可在医生的指导下口服葡萄糖酸锌、硫酸锌或醋酸锌，一个疗程3个月，用量由医师决定。3个月后复查血锌。不可过量长期服用，以防锌中毒。补锌后要注意饮食平衡，避免再次出现锌缺乏病。

# 第四章

# 排 便

## 32. 宝宝四五天一次大便正常吗？

**问：孩子自出生就四五天一次大便，现在已 100 天了，正常吗？**

答：自出生就四五天一次大便，大多数属于不正常现象。有一种先天性疾病叫“巨结肠”，大多数患儿在出生后胎便排出较迟。轻者如无腹胀、呕吐及肠梗阻，可仅表现为多日排一次大量大便。最好去医院检查有无此病，如有此病，1 岁以内发育好的孩子可以用扩肛等方法保守治疗；1 岁以后须手术治疗。如无此病，则应训练孩子每天定时大便，早些进行排便训练。

## 33. 宝宝是生理性腹泻吗？

**问：我儿子两个月，一直吃母乳，一直腹泻，稀水、泡沫，每天七八次。吃睡好，体重达标，是生理性腹泻吗？**

答：从宝宝总体情况看吃睡好、体重达标，应属生理性腹泻。应常查大便，看是否有异常。如均正常，没必要用药。添加辅食后，大便性状即可改变。

## 34. 宝宝患痢疾久治不愈怎么办？

**问：刚刚两个月的女儿患了痢疾，经静点氨苄青霉素等药物两个月的治疗，大便做过两次培养均未查出病菌，但至今仍每天排 4 ～ 7 次黏液泡沫便。**

答：两个月母乳喂养的宝宝患痢疾的概率较小，经过大便培养也无病菌，故目前属消化功能紊乱。可以在医生的指导下用“思密达”治疗。另外，还可加用如“乐托尔”“培菲康”“妈咪爱”这类的益生菌类药物以调节肠道菌群，帮助肠道正常菌群的生长。

## 35. 怎样让孩子养成良好的排便习惯？

**问：我儿子两岁半，排便时间很不规律，有时是上午，有时是下午，有时是睡前。他小时候，我们也没有刻意让他定时排便，现在想培养他定时排便，一天当中什么**

**时间比较好？**

答：孩子学习了错误的东西，养成了不良习惯，纠正起来会很困难。为了让孩子养成良好的排便习惯，就必须为孩子选择好排便时间。大多数情况下最好的排便时间应选择在早餐后的 15 ~ 30 分钟。早晨容易养成排便习惯的原因有两个：一是睡了一夜，从卧位到站立、走动等体位的改变，易形成排便的反射；二是空了一夜的胃肠道，进早餐后蠕动力增强，借助胃—结肠反射，也十分利于排便。早晨排便后，无论是成年人还是孩子都会感到很舒畅，可以一天情绪愉快。

## 36. 3 岁的孩子尿频、尿床如何是好？

**问：3 岁的孩子各方面发育都好，就是有尿频的毛病，特别是夜间，少则四五次，多则七八次，经常尿床，不知如何是好？**

答：孩子尿频、尿床，应先去医院化验一下尿常规。很多孩子由于白天玩得累了，醒不过来而尿床，不是病态。应在晚饭及睡前减少进水量。如限制进水后晚上尿的次数少了，就说明肾功能没有问题。

无论是何种情况，都要对孩子进行排泄训练。因为孩子的大小便排泄规律是需要培养的。比如，培养孩子每天早晨大便，隔几个小时或早晨起床、中午睡前、晚上上床前小便的习惯。但应特别提醒家长，不要因为怕孩子尿裤子而在白天频频问孩子“有尿没尿”，这是一种错误的“频尿教育”。而在夜间，应间隔一定时间定点叫孩子排尿，但也不要因怕孩子尿床而过多地叫起孩子，这样既影响孩子睡眠，又不能形成良性的条件反射。

## 37. 有无治疗孩子便秘的良药？

**问：我女儿 3 岁半，经常大便干燥，请问有无治疗大便干燥的良药？**

答：对孩子来说不可服用泻药，确实没有治疗小儿便秘的良药，但有许多方法可纠正小儿便秘：① 养成定时排便习惯，以早餐后坐盆为佳；② 吃富含膳食纤维的蔬菜；③ 吃些粗粮及薯类；④ 水果类可选香蕉、梨等；⑤ 加大孩子的运动量，有计划

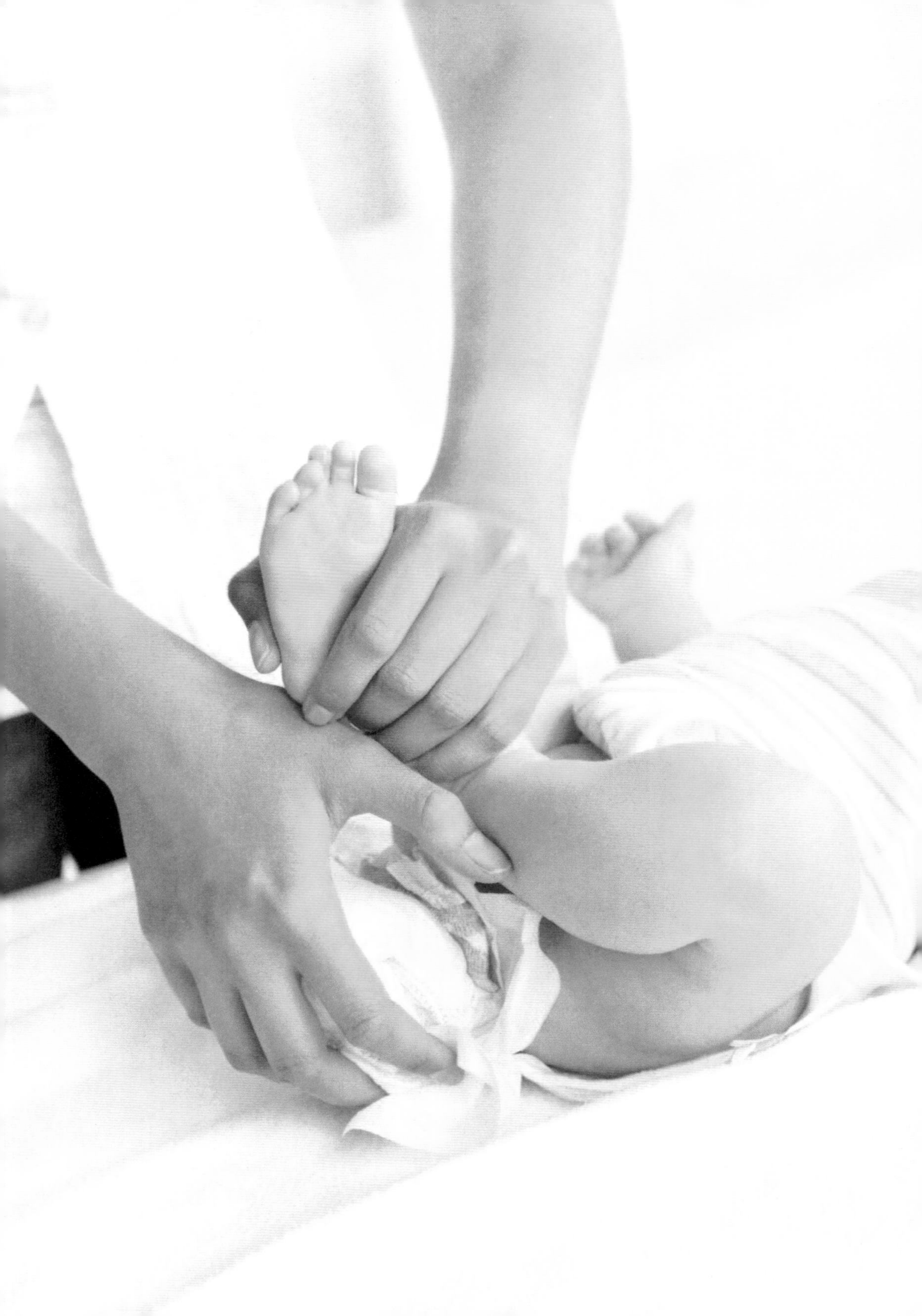

地做体操等，加强肠蠕动；⑥ 少吃甜食、冷饮，以免影响孩子食欲。

## 38. 孩子肛裂后怎么办？

**问：我女儿 11 个月时，因一次大便干燥，使用过开塞露（那次大便上带一点儿鲜红血迹）。自那次以后，孩子解大便都很困难，大便又粗又短，还硬，每次大便都要折腾两小时左右。一切可能改进食谱的手段都用过，仍不见效。**

**在其 1 岁 8 个月时，曾去医院看过，医生判定为肛裂，只开了坐浴的药，未开擦剂，叮嘱改进食谱；后又找中医开了清肠胃火的中药，吃了 5 服，大便软化，两天 1 次大便不再困难。我们以为肛裂已好，后来不再看医生。**

**现在孩子两岁半，大便再次干燥困难。经西医检查，仍有肛裂。我们听人说：成人肛裂很难治愈，一到大便干燥就犯病。我们该怎么办？**

答：根本的方法是改善饮食的结构和习惯，训练排便习惯。药物治疗只能在必要时临时应用。

饮食：便秘时应减少蛋白质类食物，增加谷类食物，多吃蔬菜和水果。

排便训练：可在清晨或食后让孩子定时坐盆，培养他每日定时排便的习惯。小儿排便时家人不要表现出过于关心或过于焦虑，使其能安心自然排便。

已发生便秘的小儿可饮用糖水 60 ~ 90ml，还可用机械的方法如用肥皂头或开塞露注入肛门。西药可选用“金双歧”等调节肠道菌群，中药可选用“新清宁片”“麻仁丸”或汤药等。但此均为权宜之计。久用易导致依赖药物的不良习惯。

身体虚弱者应增强体质，营养情况好转后，体重逐渐增加，腹壁与肠壁增厚，肌力增强，自然会有排便的力量。

此外，小婴儿自出生后就开始便秘，应注意与甲状腺功能不全及先天性巨结肠鉴别，应及早就医。

由于长期有排便问题，孩子会出现一些恐惧心理，加上家里人的焦虑，时间长了孩子会有心理负担。家人不要把自己的焦虑暴露给孩子，要鼓励孩子，在孩子主动要求排便时表扬他。

## 39. 孩子腹泻后，要不要吃东西？

**问：孩子 11 个月了。腹泻后，有的医生说可以照常进食，有的则说得饿着点，少吃两顿也没事，空空肚子好得快。我不知该听谁的了。**

答：过去主张小儿腹泻要禁食一段时间，目前则认为这一观点是错误的。这是因为进食可以减少营养不良的发生。此时患儿一般食欲不佳，只要有食欲可鼓励进食。要做些孩子喜欢吃的，又易消化富有营养的食物，如大米粥、小米粥（又兼有止泻之效，可配点儿胡萝卜泥）、鱼粥等，但要煮烂些。凡吃母乳的孩子，应鼓励多次吃母乳。

## 40. 孩子闹肚子时可以喝奶吗？

**问：我的孩子 5 个月，这两天拉肚子，听人说拉肚子的时候最好把奶停了，但我又担**

心这样营养是否跟得上，孩子闹肚子时可以喝奶吗?

答：孩子腹泻时，一方面会脱水，另一方面，胃肠道的消化能力也会受到影响。因此，对母乳喂养的孩子，可以增加哺喂的次数，这样一方面可以减轻胃肠道的负担，另一方面，也能够有效地补充水分。而对人工喂养的孩子，除了减少每次的喂奶量、增加喂奶次数以外，还要适当增加喂水量。此外，适量喂些口服补液盐（ORS）还可以预防脱水。

## 41. 孩子排尿为何不痛快?

**问：我儿子13岁，排尿时老觉没有尿完，隔一会儿尿一点儿，老想继续尿，难受，但不痛。**

答：可能是尿道或尿道口的问题，也可能是包皮过长。应去医院请泌尿科医生检查一下阴茎勃起时，阴茎头是否能露出，看看尿道口有无发红，还应尿常规。

### 健康加油站

**排便习惯**

排便习惯的培养可以从1岁半左右开始，最晚不要超过两岁。可参考下列方式进行：

① 早餐后，在愉快的气氛中对孩子说："上厕所吧！"边说边帮助孩子脱裤子，孩子坐在马桶上（或便盆上），成人可发出"嗯、嗯"的声音。

② 每天在同一时间，用同样的语言和动作帮助孩子，有利于孩子形成条件反射。

③ 一开始就让孩子在厕所，或选择一个固定的地方坐盆。

④ 让孩子看到家人如何坐在马桶上排便，有利于他的模仿。

⑤ 每当孩子按成人要求排便时，要即刻表扬、鼓励，便于孩子在愉快的心境中学会排便。

⑥ 注意让孩子坐马桶（或坐盆）的时间约在5分钟以内。不要让孩子养成边

玩儿边排便的不良习惯。

**什么是肛裂？怎么治疗？**

肛裂是指肛管齿线以下深及全层的皮肤裂。宝宝的肛裂多由于大便干燥所致。排便用力使干硬的粪便擦伤或撑裂肛管皮肤形成肛裂，在齿线邻近有慢性炎症时，肛管组织因纤维化而弹性减退，又由于解剖上的特点，排便时肛管后方皮肤最易受损而发生较深的撕裂，伤处因继发感染而形成慢性溃疡创面。故肛裂实际上是一个感染性溃疡。这也是肛裂难治愈的原因之一。

保持大便通畅，是使肛裂得到好转，逐渐恢复正常的关键。治疗时，可用温水或高锰酸钾溶液坐浴，可使肛门括约肌松弛。病程较久的肛裂可用10% ~ 20%的硝酸银液涂灼裂口，然后用生理盐水冲洗，或用0.5%普鲁卡因封闭，隔日1次，可止痛和促进肛裂愈合。若上述治疗无效，可考虑手术。

引起小儿便秘的原因很多，如小儿食欲不好，进食量少，经消化后余渣太少，大便自然就少；食物及奶中糖量不足，蛋白质过高，也可使大便干燥；吃蔬菜少，缺乏维生素等也容易引起便秘；如果小儿缺乏活动或患有佝偻病等慢性病，都可使肠壁肌肉无力，功能失调。有些小儿由于惧怕排便或贪玩而“憋大便”，容易使结肠下部扩大，粪便堆积停留时间过长，水分吸收，加重便秘。此外，一些外科疾病如直肠狭窄、先天性巨结肠或肛裂等也是便秘的原因。长期便秘可以造成宝宝食欲不振而出现营养不良。

# 第五章

# 疫苗接种

## 42. 接种疫苗后局部有硬结如何处理？

**问：前两天我儿子接种完百白破疫苗，臀部留下一个硬块，该怎么办？**

答：有的宝宝打完百白破预防针几天后，父母发现在他的臀部可以摸到一个硬结，这是由于百白破属于吸附制剂，不容易被吸收引起的。这时，可以采用局部干热敷的方法。具体方法如下：① 热敷在接种后 2 ~ 3 天针眼闭合后进行，否则可能会造成感染。② 取一块洁净的干毛巾，包裹在热水袋外，热度以不会烫坏皮肤的温度为宜。③ 热敷局部的硬结部位，每次 15 分钟以上，每天 3 ~ 5 次。

注意：接种卡介苗后局部也会产生硬肿，但严禁热敷。因它属于减毒活疫苗形成的冷脓肿，热敷后扩散可造成卡介苗全身播散。其他的疫苗极少引起硬结，若有可以采用热敷的方法。

## 43. 被猫咬伤也要注射狂犬病疫苗吗？

**问：我女儿平时很喜欢小动物，前几天不幸被邻居家的小猫咬伤左手，当时出血不多，只做了简单包扎，也没做其他处理。后来听人说，被猫咬伤也可能会得狂犬病。是否也需打狂犬病疫苗？**

答：凡是哺乳动物都有可能带有狂犬病病毒，其中最常见的是狗、狼、鼠、兔、蝙蝠、浣熊、狐狸等。另外，有的马、驴、猪也带有狂犬病病毒。因狂犬病死亡率很高，所以，凡被哺乳动物咬伤者，都应尽快注射狂犬疫苗。

## 44. 孩子还能再注射乙脑疫苗吗？

**问：孩子在注射乙脑疫苗后，约半小时内全身起满了“痒疙瘩”，第二天注射疫苗的那只胳膊也肿起来了。医生说是对疫苗过敏。请问，我儿以后还能注射乙脑疫苗吗？**

答：对乙脑疫苗表现出如此明显的过敏症状，当然以后再不能注射乙脑疫苗了，以免发生更强的过敏反应，甚至休克。另外，注射其他疫苗后也应仔细观察孩子有无过敏反应，比如注射后应观察半小时后，再离开医院。还应事先把孩子的过敏情况告诉医生。

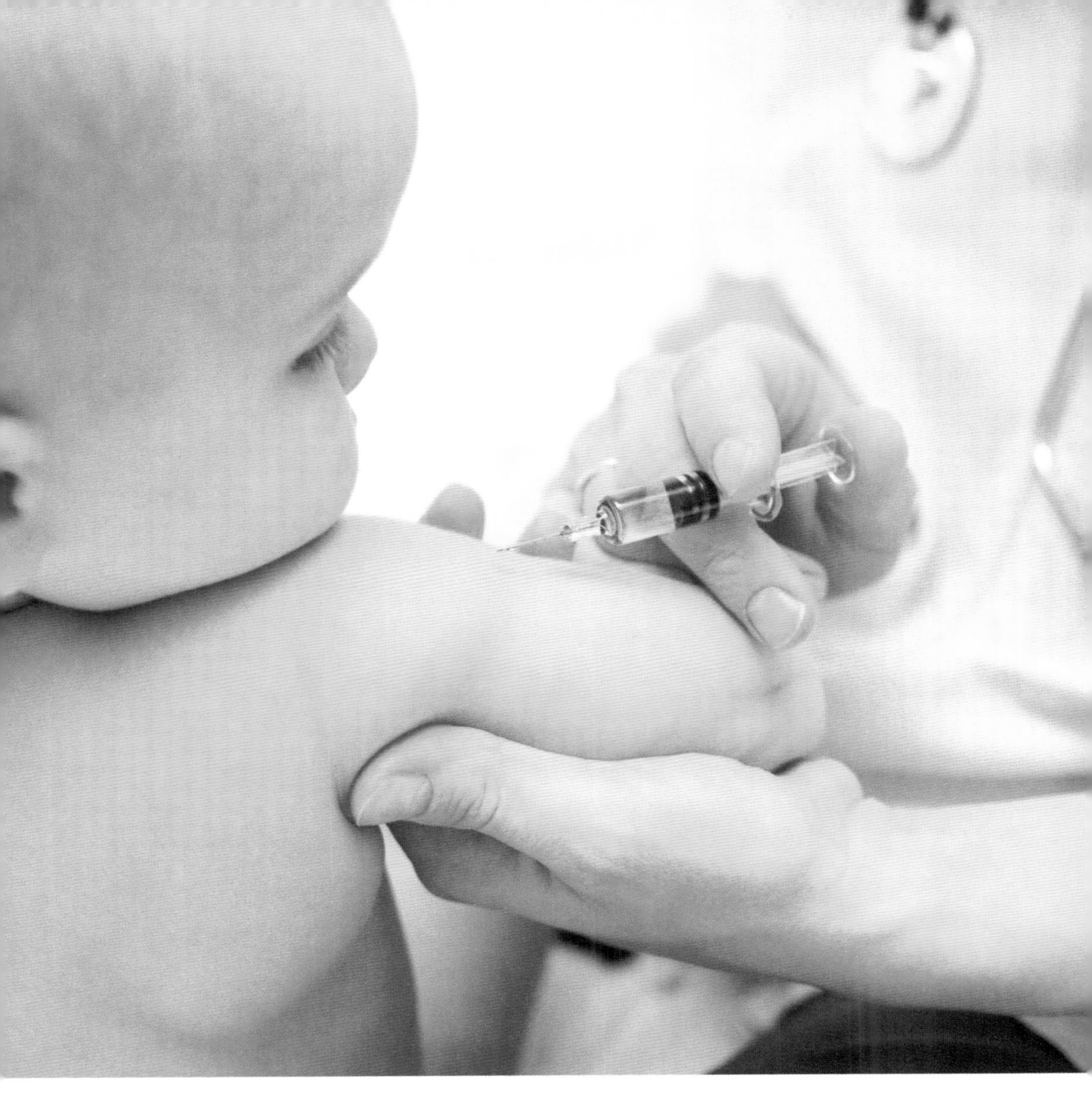

## 45. 孩子接种卡介苗后的脓包是怎么回事?

**问：两岁半的女儿补种了卡介苗，但半年后接种局部出现脓肿，无奈做了切开引流，经两个月的换药至今不见封口。请问为何接种卡介苗会出现这种情况？当地医生说是注射时消毒不好引起的感染，也有人说是注射太深，究竟是什么原因？**

答：首先可以排除注射消毒不好引起的感染。因为任何消毒不好引起的感染都不会半年以后才发作。至于这个脓包是由何种“菌”引起的，现在难以得出结论。因为切开引流时未做细菌和结核菌的培养和镜检，而现在再做培养已失去了意义，因伤口已开放两个月了。按肿物出现较晚及久不封口的情况看，完全有可能是局部结核菌感染，用“利福平”溶液换药，可能比只用盐水及生肌膏效果好些。

## 46. 孩子是过敏体质就不能免疫接种了吗？

**问：我儿子今年 7 岁，从满月开始先从脸部，后来一直到全身都起了湿疹。现在虽已好了，但医生说他属于过敏体质。现在有时吃鸡蛋也有过敏反应，所以从小至今就没打过预防针。今后孩子的计划免疫怎么办？**

答：虽然过敏是疫苗接种的严重不良反应，但绝大多数患有过敏性疾病或过敏高风险的孩子都可以接种疫苗。需要注意的是，曾经在接种疫苗后出现急性过敏性休克的孩子，再次接种疫苗前必须告知医生，由医生评估是否能接种。如果孩子对鸡蛋严重过敏，也就是吃鸡蛋可能引发急性休克的，不能接种麻疹疫苗、麻腮风疫苗、流感疫苗。而对鸡蛋轻微过敏的孩子，在严密监控下，可以接种麻疹疫苗、麻腮风疫苗，以及灭活的流感疫苗。

除此以外，牛奶蛋白过敏等食物过敏，湿疹、哮喘、过敏性鼻炎等过敏性疾病都不是接种疫苗的禁忌证。当然，当孩子湿疹、哮喘等过敏性疾病比较严重时，需要先治疗和控制过敏性疾病，暂缓接种疫苗，等孩子过敏性疾病缓解后再接种疫苗。

## 47. 免疫球蛋白低说明什么？

**问：我女儿已 3 岁半，从小就经常得呼吸道病，查血测定免疫球蛋白，医生说 IgA 及 IgM 偏低，不知随年龄增长，将来是否会达到正常？**

答：免疫球蛋白用英文简称 Ig，现知有 5 种，分别为 IgA、IgG、IgM、IgD、IgE。这些免疫球蛋白在婴幼儿时血中水平偏低，这属于生理现象，所以孩子才容易反复患呼吸道感染。随着年龄的增长，孩子免疫球蛋白的水平逐渐接近成人。免疫球蛋白过低即为免疫功能低下，需特别治疗。

## 儿童免疫规划疫苗接种时间表

| 疫 苗 | 出生时 | 1月 | 2月 | 3月 | 4月 | 5月 | 6月~ | 8月~ | 12月~ | 18月~ | 2岁 | 3岁 | 4岁 | 6岁 |
|---|---|---|---|---|---|---|---|---|---|---|---|---|---|---|
| 乙肝疫苗 | 1 | 2 | | | | | 3 | | | | | | | |
| 卡介苗 | 1 | | | | | | | | | | | | | |
| 脊灰减毒活疫苗 | | | 1 | 2 | 3 | | | | | | | | 4 | |
| 百白破疫苗 | | | | 1 | 2 | 3 | | | | 4 | | | | |
| 白破疫苗 | | | | | | | | | | | | | | 1 |
| 麻风疫苗 | | | | | | | | 1 | | | | | | |
| 麻腮风疫苗 | | | | | | | | | | 1 | | | | |
| 乙脑减毒活疫苗 | | | | | | | | 1 | | | 2 | | | |
| A群流脑多糖疫苗① | | | | | | | | 1、2 | | | | | | |
| A+C流脑多糖疫苗 | | | | | | | | | | | | 1 | | 2 |
| 甲肝减毒活疫苗 | | | | | | | | | | 1 | | | | |
| 乙脑灭活疫苗② | | | | | | | | 1、2 | | | 3 | | | 4 |
| 甲肝灭活疫苗③ | | | | | | | | | | 1 | 2 | | | |

注：①.A群流脑多糖疫苗：第一、第二剂间隔大于或等于3个月。
②.乙脑灭活疫苗：第一、第二剂间隔7～10天。
③.甲肝灭活疫苗：18月龄接种第一剂，24～30月龄接种第二剂。

# 第六章

# 体重与身高

## 48. 什么原因导致宝宝 1 岁多还站不稳？

**问：我的宝宝现 1 岁 1 个月，还不能独立站稳，胳膊也软，拉着一只手也走不好，但扶着沙发能走或者站立，可以认识一些日常生活用品，8 个月才开始长牙，现在已有 6 颗牙。最近一次去医院，儿科医生说我们孩子太软了，一般情况下 1 岁的孩子已能独立走或者站稳，建议我去做 CT 看看，是不是大脑发育不好的影响。但也有人说，1 岁到 1 岁半会走路是很正常的。我想是不是以下几个原因影响：① 宝宝身体不好，老因呼吸道发炎打针，现已打过 4 次针，每次都打 7 ~ 8 针，还因为轮状病毒又拉又吐住过一次院，每次打针都用了少量的激素，激素对骨骼发育不好；② 宝宝从去年天冷一直穿着连脚棉裤，没有下地站过；③ 我怀孕时睡过电热毯，听说电热毯对孩子骨骼发育有影响。这些是不是对孩子都有影响？我要不要给孩子做 CT？做 CT 对孩子有没有影响？**

答：从您介绍的情况看，宝宝既往无明显影响脑发育的病史，总体体格发育尚可，大运动发育稍显落后。不知他现在是否可手膝爬行，能否扶持下蹲站？您所述的第一、第二点对小儿运动发育会有一定影响，以上所述的第三点无必然联系。

如宝宝爬行灵活，应抓紧夏秋季时间，在有充足日晒、穿衣不多的条件下抓紧走路训练，必要时可请专业人士（如康复训练科医生）予以指导。如观察、训练 1 月无改善，建议由医生予以诊治。那时，须做必要的检查，如头颅 CT。

## 49. 孩子不长个儿怎样找原因？

**问：我的孩子 5 岁半，身高 1.05m，体重 16kg，比同龄或者比他小的孩子都矮半截儿，在相当一段时间内停止长个儿。他不好好吃饭，体重不增加，容易得感冒，爱说梦话，梦多，夜里容易惊醒后大哭，爱发脾气。以前总听别人说："孩子他爸挺高，孩子长得像他爸，不可能遗传你的小个子。"**

答：你可以先带孩子到医院检查一下胃肠功能、血红蛋白、微量元素、血铅等，针对问题进行矫治。假如孩子的饮食、睡眠情况好转以后 3 ~ 6 个月，生长发育仍然没有改善，或一年内身高长不够 4 ~ 5 厘米，建议带孩子到医院的内分泌科做进一步的检查，排除内分泌方面的疾病。

## 50. 维生素 D 是否影响身高？

**问：我的宝宝现 1 岁半。1 岁前曾打过 4 次维生素 $D_3$，发育良好，个子偏矮，是否与用维生素 D 有关？**

答：维生素 D 的作用是帮助钙的吸收，可以使骨骼长得更结实，发育得更好。维生素 D 不足，可引起佝偻病、骨骼变形，影响长高。但用量过大、过多，可能使骨成熟提早，也可影响身高。

## 51. 孩子是生长痛还是风湿痛？

**问：孩子在刚会走路的时候，就曾经说膝关节痛，但既不红又不肿，有时左腿，有时右腿，一会儿（一般 10 ~ 20 分钟）就自己好了。现在，孩子快 4 岁了，疼的次数越来越多（最频繁的时候半个月一次），有时晚上疼得直哭，疼醒了！每天走路、跳舞倒挺正常，偶尔会说脚没劲。曾在书上见过说小孩有“生长痛”，请问生长痛有这么严重吗？什么样的孩子才有“生长痛”？该如何避免、治疗生长痛呢？**

**我本人有风湿，孩子疼的状态极像我风湿痛的样子。请问：有小儿风湿症吗？这么小的孩子又是怎么得的风湿呢？我们又该如何预防和治疗呢？**

答：有些儿童在生长发育过程中可出现生长发育痛。临床表现为下肢较剧烈的疼痛，常于上半夜发作，但很少同时双腿疼痛，局部无红肿热改变。生长痛可以痛得很厉害，你的孩子有可能是这种情况。你要带孩子去医院，做相应的检查，如 X 光、查血等，如果正常，才考虑生长痛。儿童类风湿是有的，原因不明，除了疼痛外，可能还有发热、皮疹等，血液化验有变化，去医院检查就可明确诊断。

生长痛无特殊治疗办法，平时应注意为孩子提供平衡膳食，如果疼痛严重，应在医生指导下，使用解热镇痛药止痛，如泰诺等。随年龄增长，生长痛会慢慢停止。

# 第七章

# 眼 睛

## 52. 闪光灯对宝宝眼睛有害吗?

**问：我儿子 6 个多月，他爸每月都给他照相，请问用闪光灯对孩子眼睛有影响吗？**

答：闪光灯对幼小孩子的眼睛是有些不利影响，如同幼小的孩子看电视时间长了对眼睛不好一样。但只要不是长时间照射，只是每月照一两张照片，不会对孩子眼睛造成什么影响。

## 53. 宝宝“斗鸡眼”该怎么办?

**问：我孩子 6 个月，从 4 个月起喜欢拿着东西玩儿，最近发现看东西时呈“斗鸡眼”，该怎么办？**

答：“斗鸡眼”即眼的黑眼球靠近鼻梁，有可能患内斜视，与婴儿期看近物不一定有很明确的关系。在婴幼儿期，眼的运动系统和调节功能都处于不稳定、不成熟的阶段，过度注视眼前的小物体有可能诱发内斜视。但你的宝宝还应考虑是先天性内斜视，应尽快带他就医。还有一种情况就是内眦赘皮造成的假性内斜视，宝宝的鼻梁较宽，使内侧巩膜间的距离显得远了，给人一种内斜的假象。

## 54. 宝宝眼皮下垂何时手术好?

**问：我儿子 8 个月，生下来右眼不爱睁。后经医生检查，诊断为右眼睑下垂，多大做手术合适？**

答：你孩子有先天性眼睑下垂，多系提上睑肌发育不全所致，常见为双侧性。颈交感神经麻痹可使其支配的上睑平滑肌失去作用，也可发生轻度眼睑下垂。另外，重症肌无力也可发生眼睑下垂，应做鉴别。请带宝宝就医。如果下垂的眼睑确实阻挡视线，就可能影响视觉发育，造成弱视，应尽早手术。如果瞳孔能够露出，又不存在弱视，可以在年长后局麻下手术矫正，以便与对侧眼做得一致，更平衡，更好看。

## 55. 宝宝左眼流泪且多分泌物是何病？

**问：宝宝自出生不久即左眼流泪且多黄色眼屎，睡醒睁眼都很困难。有医生说是鼻泪管阻塞，有的说是结膜炎。为何 9 个多月了仍未见好转？**

答：宝宝患的是鼻泪管阻塞，又称新生儿泪囊炎。鼻泪管下端鼻腔开口处先天性膜组织封闭，生后 4 周左右这个组织没有破裂或鼻泪管被上皮碎屑堵塞是本病的主要病因，少数则因先天性鼻泪管狭窄或堵塞造成这种现象。新生儿期常因误诊结膜炎而贻误了治疗。

初期治疗采用泪囊局部压迫按摩法，按摩后眼局部滴抗生素眼药水防止感染。如此保守治疗两周不见效，可用泪道加压冲洗法。仍不见效，则必须尽早进行“泪道探通术”，宝宝已 9 个月了，应尽快采取此方法。

## 56. 孩子角膜疤痕有什么方法治疗吗？

**问：我家宝宝 2 岁 4 个月了，他 11 个月时不幸被爆炸的啤酒瓶炸伤了右眼，角膜正中形成一条白色疤痕，外斜视。请问瞳孔疤痕能自行消退吗？**

答：瞳孔疤痕不能自行消退，只有做角膜移植手术。

## 57. 孩子斜视要不要治疗？

**问：我女儿两岁半，患有斜视。有的医生说必须及时戴眼镜矫正，有的则说不必治疗，待 5 岁便会正常。我该怎么办？**

答：由于斜视可致弱视并影响立体视功能的发育，应该尽早治疗。是否配戴眼镜，要根据斜视类型和眼屈光状况决定，有些斜视还需要手术矫正。

## 58. 弱视的孩子能看电视吗？

**问：前不久，我 5 岁的孩子被诊断为弱视，他平时很喜欢看电视，医生嘱咐尽量少看**

**电视，但他总吵着要看。弱视的孩子能看电视吗?**

答：弱视的孩子在佩戴合适的眼镜后，可以看电视，但是连续看电视的时间不宜过长。弱视的孩子因为视力差，可能会离屏幕比较近，但随着视力的提高，就要适当地调整观看距离，一般要达到3m左右为好。

有些孩子的弱视是由于近视引起的。对于这些孩子，要尽量减少近距离作业，当然，看电视的时间也要尽量减少。

## 59. 虹膜睫状体炎有没有后患?

**问：儿子10岁，患虹膜睫状体炎已5年，医生让点些眼药水。请问这种眼病有后患吗？**

答：儿童虹膜睫状体炎可因全身疾病（如结核、类风湿、布氏菌病等）诱发或继发于角膜炎、巩膜炎之后，控制之后，还可能复发。该病应积极治疗，因虹膜睫状体炎可继发青光眼、深层角膜炎、视网膜水肿及白内障等严重眼科疾患，必须在眼科专业医师指导下治疗，用药较特殊，一般眼药水不能治疗此病。

## 60. 戴眼镜会使近视度数加深吗?

**问：我儿子上二年级，因近视眼影响了学习，经散瞳验光诊为近视，医生让配戴眼镜。我担心将来戴上眼镜会加深近视度数。**

答：戴眼镜会加深近视度数的说法没有任何科学根据。经过正规检查就要尽快为孩子配镜，以保证眼睛的健康发育。

## 61. 近视眼遗传吗?

**问：孩子父亲是近视眼又有散光，请问会遗传给孩子吗？**

答：至今为止，对于近视眼的病因有多种说法，遗传因素确实是其中一个重要原因，称之为“遗传倾向”。它是一种常染色体隐性遗传病，发病率0.72%。此外，近视眼与环境因素及其他因素亦有相关性。为预防孩子出现近视眼，要注意视觉卫生，养成良好的用眼习惯；改善家庭及学校照明条件；保持正确的阅读姿势：一尺、一拳、一寸，即眼与书相距一尺、胸与桌相距一拳、握笔与笔尖相距一寸；不要在走路、乘车、卧位、强光及弱光下阅读；看电视要有一定的距离且不可时间过长，用电脑、玩游戏亦然。

## 62. 得了沙眼要紧吗？该怎样预防？

**问：孩子幼儿园的同班小朋友得了沙眼。孩子得了沙眼要紧吗？听说比较容易传染，如何预防和治疗？**

答：沙眼是由沙眼衣原体感染引起的结膜炎，是一种慢性的传染性疾病。如果没有得到及时、有效的控制，会导致严重的瘢痕增生，引发其他眼部疾病，从而影响视力，甚至完全失明。

所以，患了沙眼要及早选用抗生素治疗，用药时间要长，用量要足。如果有严重并发症，也要及早治疗。

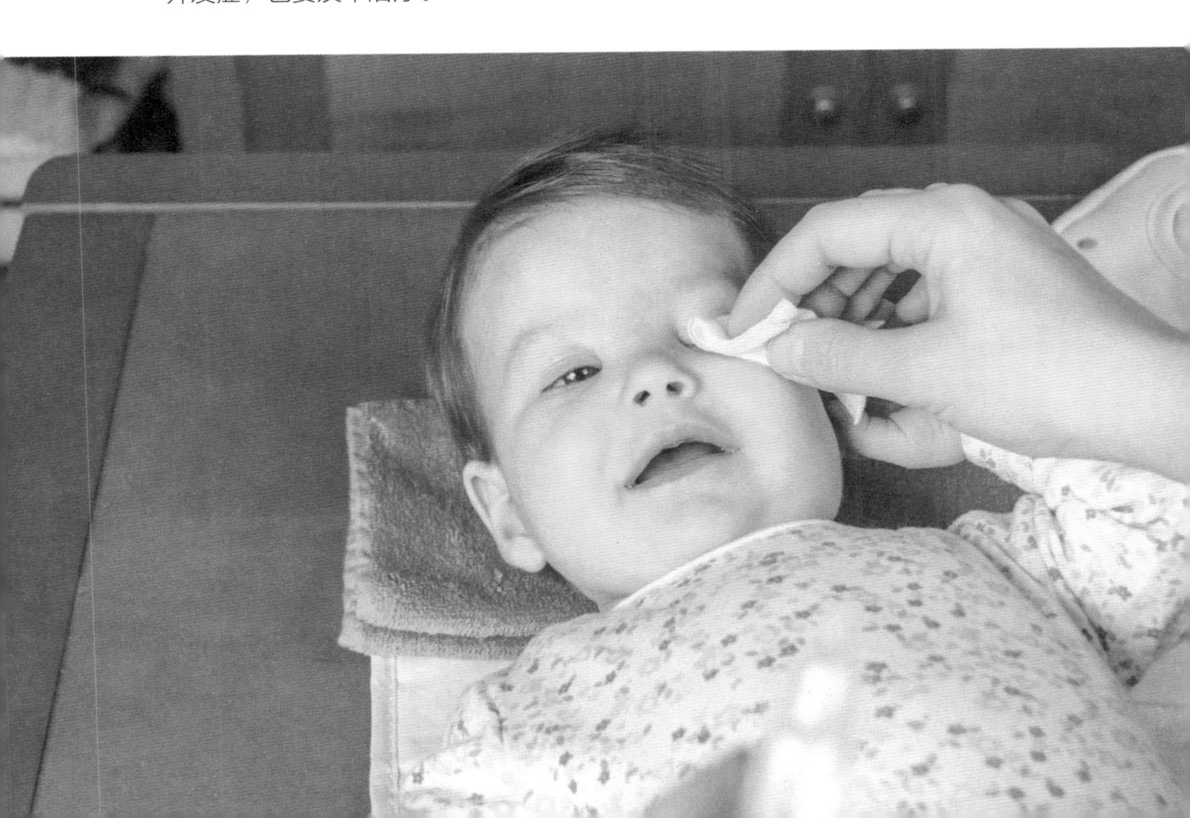

沙眼是通过被患者的结膜分泌物所污染的物体来传染的。共用毛巾、脸盆（或洗脸池），容易导致沙眼传染。所以，不要让孩子们共用毛巾、脸盆，公用的卫生洁具要及时清洁和消毒，并且要纠正孩子用手揉眼睛的习惯。

## 63. 孩子老眨眼，究竟是什么问题？

**问：我的孩子 3 半岁了，近来老是频繁眨眼，我很担心，不知究竟是什么问题？**

答：孩子频繁眨眼，可能有以下几个原因。

炎症：尤其是过敏性炎症，孩子会有异物感，十分不舒服，所以会不自觉地用眨眼的方法来消除不适感。

倒睫：孩子的下眼睑缘向后卷，导致睫毛部分或全部倒向眼球，睫毛触及角膜和结膜，会引起异物感、刺痛感，使孩子经常眨眼睛。

眼内异物：如果有微小的异物进入孩子的眼睛，并且留存在结膜表面，也会造成眼睛不适，使孩子频繁眨眼睛。

如果上述眼睛本身的原因都排除了，孩子频繁眨眼就有可能是一种心理行为问题的表现。可能需要带孩子去看心理医生。

还有的孩子原来是因为眼睛的问题而频繁眨眼，但是眼病痊愈以后，频繁眨眼的习惯却被保留了下来。

父母要针对孩子频繁眨眼的原因，有针对性地采取措施。

# 第八章

# 口 腔

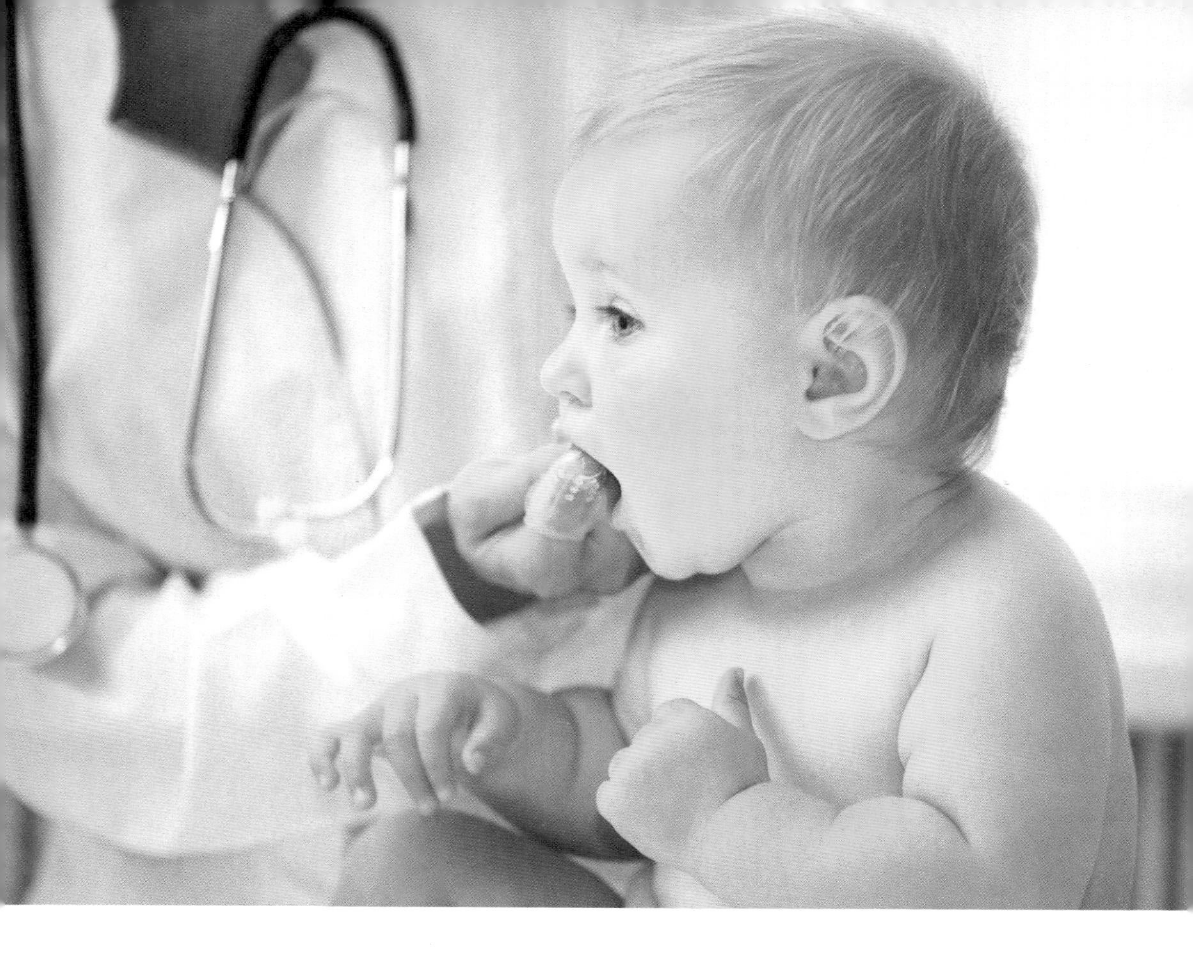

## 64. 宝宝为何萌牙晚、少?

**问：我儿子 11 个月时开始长牙，现在 1 岁半了，只长了 8 颗，医生说有点儿缺钙。喝了 7 盒钙口服液，打了一针维生素 $D_3$，还是如此。怎么办？**

答：从出牙时间和长出牙的数来看，和大多数孩子相比，你的孩子出牙是晚了些。这种情况有几种可能性。一是个体差异，有的孩子除了出牙稍晚外，身体其他方面发育正常，这种情况不需要治疗；第二种情况可能是缺钙或是缺维生素 D，孩子除了出牙晚外还会有其他缺钙的症状，经检查确实缺钙或维生素 D，应该按医生指导补充；也有极个别情况是先天性的牙胚发育异常。最好找儿童牙科医生做口腔健康检查，医生可以给予你正确的指导，一般来说 3 岁以前乳牙长齐的都属于正常范围。

## 65. 宝宝的长牙顺序是不是错了？

**问：我儿子 12 个月长牙 8 颗，今又萌出乳尖牙，为何不是第一乳磨牙？**

答：一般情况下孩子牙齿的萌出是有一定次序的，但并不是绝对的，宝宝的情况属于正常。

## 66. 一颗一颗地出牙正常吗？

**问：我儿子 13 个多月已出 5 颗牙，都是一颗一颗出的，且“地包天”，请问这样出牙正常吗？**

答：牙齿萌出一般情况下都是“成双成对”的，先出两颗下乳中切牙（下门牙），又出两颗上乳中切牙，再生两颗上乳侧切牙。一颗一颗出牙的情况属不正常发育。“地包天”也属不正常的牙形。请带孩子去看口腔科医生。

## 67. 舌系带过短何时手术？

**问：女儿 1 岁半时，发现她的舌头伸不直，呈“W”形。医生说孩子太小不会配合，不好剪，待大了再说。目前孩子已两岁半了，很多字说不清，需不需要治疗？**

答：正常人舌头的下方都可以看到一根黏膜系带，称为舌系带。新生儿的舌系带可以连到舌尖或接近舌尖，随着年龄的增长，两岁以后舌尖才逐渐远离舌系带，所以看到孩子的舌系带接近舌尖并不一定就是舌系带过短，只有伸舌时，出现舌尖向下翻卷、不能伸出来，或呈“W”形，会说话的孩子卷舌音发不清楚时，方可以确诊为舌系带过短。如果确诊为舌系带过短，需要手术治疗。最好在孩子学说话前，即 1 岁以内，身体没有其他疾病的时候进行手术。因为此时舌系带黏膜较薄，只需要实行表面麻醉，手术简单，出血少，不需要缝合，恢复快，同时孩子还没有长牙或牙齿没有长齐，医生容易操作，而且不会影响孩子的发音学习。随着孩子年龄的增长，舌系带的黏膜会渐渐增厚，需要局部麻醉及缝合，否则伤口不能正常愈合。牙齿完全萌出的孩子，特别是 2 ~ 4 岁的孩子，在局部麻醉下，很难配合医生手术；通常医生会根据情况，建议 5 岁以后手术，年龄大的孩子发育会受到一定影响，手术后一般需要进行语音的训练。

## 68. 两岁了怎么还流口水？

**问：孩子快两周岁了，口水流得很厉害，一说话就直往下流，好像不会咽，衣服总是又湿又脏。上个月去看医生，检查口腔无溃疡，但扁桃体有炎症。吃了“小儿头孢”，半个月后口水仍然流得厉害。又去医院，结果还是一样，扁桃体仍有炎症。又把药换了，换成“奥得清健儿口服液”，可是吃了 1 周后，还不见好转。医生告诉我这孩子扁桃体像三四岁孩子的，特别大。不知对今后有无影响，而且长期发炎，但不发烧，吃药约 1 个月又不见好，还有其他办法吗？他爸爸也扁桃体大，这有无遗传？**

答：宝宝 4 ~ 6 个月时由于饮食中开始补充淀粉类食物，致使口水量增多。这个时候流口水不是病态。随着宝宝长大，吞咽功能健全时，就能迅速吞咽口水，不再流涎。但宝宝已近两岁仍然流涎厉害，应引起重视。小儿在患口、咽黏膜炎时易引起流涎。应仔细检查口腔。此外，面神经麻痹、大脑中枢神经系统发育迟缓，由于神经支配障碍，也可见到流涎。可以带宝宝到医院去检查一下，如果排除其他因素，您就应该花费一些精力，教宝宝学习吞咽动作，培养他将唾液吞咽下去的习惯。

您的宝宝扁桃体炎不像是急性炎症而像是慢性过程。我们要分清是单纯的扁桃体肥大还是慢性发炎。应注意观察扁桃体腺窝大小及分泌物情况，腭舌弓是否慢性充血，下颌角淋巴结是否肿大或有压痛，同时，还应注意孩子有无增殖体的肥大。当然这些检查需要医生的帮助。至于遗传问题尚无明确记载。慢性扁桃体炎反复发作对孩子的生长发育会有影响。但是，因扁桃体是人体的中枢性免疫器官，具有细胞免疫和体液免疫功能，且在孩子 3 ~ 5 岁最活跃，所以您的孩子还应选择保守治疗。

## 69. 孩子“地包天”怎么矫正？

**问：我儿子 5 岁半，牙长得不好，是“地包天”。有的说在乳牙期就应矫正，有的说长恒牙后再矫正，到底何时矫正为好？**

答：“地包天”属于牙排列异常，或错颌畸形。引起的原因是多方面的。发现“地包天”，在孩子配合的情况下应及早矫治。一般在乳牙列阶段，4 ~ 5 岁的孩子多数可以配合矫治，所以应该在这个阶段进行第一次矫治，这对孩子上颌骨发育和面中部的面形改善是很有益处的，经过这次矫治，大多数孩子换牙后牙齿的咬合可以是正常的，但也有少数患儿换牙后，恒牙还会出现“地包天”的现象，特别是有遗传因素存在时可能性更大，需要进行第二阶段矫治，严重的甚至需要第三阶段矫治。这需要根据每个孩子的具体情况决定。5 岁半的年龄已错过第一个最佳年龄，只有待换牙后再根据情况决定。如果你的孩子换牙后出现异常，在 8 岁左右应再去找专业的正畸医生检查，医生会根据当时的情况决定矫治时间。因为有的孩子可以在 8 ~ 9 岁时进行矫治，有的孩子需要在牙齿完全替换完成后 12 ~ 14 岁时才能开始矫治。

## 健康加油站

### 怎样预防龋齿？

防龋是需综合进行的，必须从胚胎期开始。

① 孕期应注意营养，保持母体健康，营养合理，食物中有充足的钙、磷、维生素 D 等。

② 在水中缺氟的地区，还可用氟化牙膏，或适时给孩子做 “氟保护”，这些统称“氟化法”。

③ 减少或消除病原刺激物，减少或消除牙菌斑，已证实牙菌斑多致龋率即高。刷牙、漱口是最为实用的方法，每天刷牙两次，饭后（宝宝吃奶后）漱口，宝宝不会漱口，可于喂奶后给几口白开水喝。3 岁后宝宝应学会正确刷牙；3 岁前，自出乳牙开始，家长即可用纱布等擦洗牙齿。

④ 少吃易黏附牙齿的含糖糕点、饼干等，多吃粗粮、硬食品及多纤维食品。

⑤ 适当补充维生素 D。

⑥ 严防“奶瓶性蛀牙”——抱奶瓶边吃奶边睡的不良习惯。1 岁以上婴儿都应学会用杯子喝水。

⑦ 发现龋齿及时治疗，不要等待着换牙，以免浅龋变深龋，深龋再导致牙髓炎及根尖周炎。

⑧ 牙齿萌出后应每半年到牙科医生那里进行口腔检查，在牙齿萌出的不同阶段进行不同的预防处理，如窝沟封闭等。

# 第九章

# 耳鼻喉

## 70. 5个月的宝宝睡觉打呼噜是病吗？

**问：我孩子5个月，在睡觉时打呼噜，有时玩儿也打呼噜。医生说没什么事，但我还是怕有什么病。**

答：你孩子才5个月，睡眠时打呼噜，说明上呼吸道有部分阻塞存在，多发生在鼻咽部位，可请耳鼻喉科医生检查一下。另外，有一种先天性喉软骨软化病，患者在嗓子处有痰声，一般在睡眠时减轻，活动时明显，严重者睡眠中也可有声音，同时胸骨上端在吸气时可见凹陷，这些都需到医院确诊。

## 71. 为什么总有一个鼻孔不通气？

**问：我儿子12个月，感冒几次后总有一个鼻孔不通气，有呼噜声和鼻塞。去儿科、耳鼻喉科检查，医生说没事。既然正常，为何不是全通气？该怎么治疗？**

答：注意一下夜间卧室的温度、湿度和孩子的睡具是否可能引起过敏。

## 72. 宝宝睡觉时为何鼻子不通畅？

**问：我儿子6岁，经常感冒，现在晚上睡觉时鼻子不通畅，该怎么治？**

答：鼻子不通畅常见的原因有急性或慢性鼻炎、腺样体肥大等。症状有轻有重，重者睡觉时张嘴呼吸。应带孩子去医院，请五官科医生做全面检查。

## 73. 宝宝一哭就上不来气是怎么回事？

**问：我的孩子周岁了，一哭就上不来气，这是什么原因？**

答：有不少孩子可见这种情况，一般到周岁后，哭的次数减少了，这种情况的发生也减少。这不是癫痫发作，也不是什么病，一般不会发生意外。

## 74. 宝宝听力障碍的原因何在?

**问：我孩子 1 岁半时因高热，打了一盒洁霉素。从此语言明显减少，记忆力减退，精神不集中。经检查左耳稍有点聋。这是什么病？**

答：从宝宝的一些表现来看，主要是听力障碍，可能与小时候用了洁霉素有关。因为有些抗生素可影响听力，药物所致的听力障碍，目前尚无有效的办法。

## 75. 孩子为何声音长期嘶哑?

**问：我儿子现 3 岁，从两岁起声音嘶哑，哭过后更明显。医生说是慢性喉炎，吃药无效，该怎么办？**

答：声音嘶哑可能是喉炎或声带有问题。一般喉炎声嘶时间短，感冒时加重。声带肥厚或上面长有小结时，可长期声哑，且在哭或大声说话后更明显。最好请耳鼻喉科医生做一个喉部检查。

## 76. 中耳炎与腹泻有关系吗?

**问：我的孩子 11 个月，得了中耳炎。治疗 1 周好些了，可现在又泻肚了，一天泻十多次，医生说腹泻是中耳炎引起的。中耳炎与腹泻有什么关系呢？**

答：医生说得对，腹泻与中耳炎有一定关系。婴幼儿腹泻通称小儿肠炎，分感染性和非感染性。感染性常被人们理解为消化道内感染，如大肠杆菌肠炎、病毒性肠炎（常说的“秋季腹泻”属轮状病毒感染）等，而对消化道外感染引起的小儿肠炎却常常不大理解。其实，当婴幼儿患中耳炎、肺炎、咽炎、泌尿系统感染，甚至皮肤感染时，均可致小儿肠炎。年龄与腹泻的发病有关，年龄越小腹泻发生率越高。

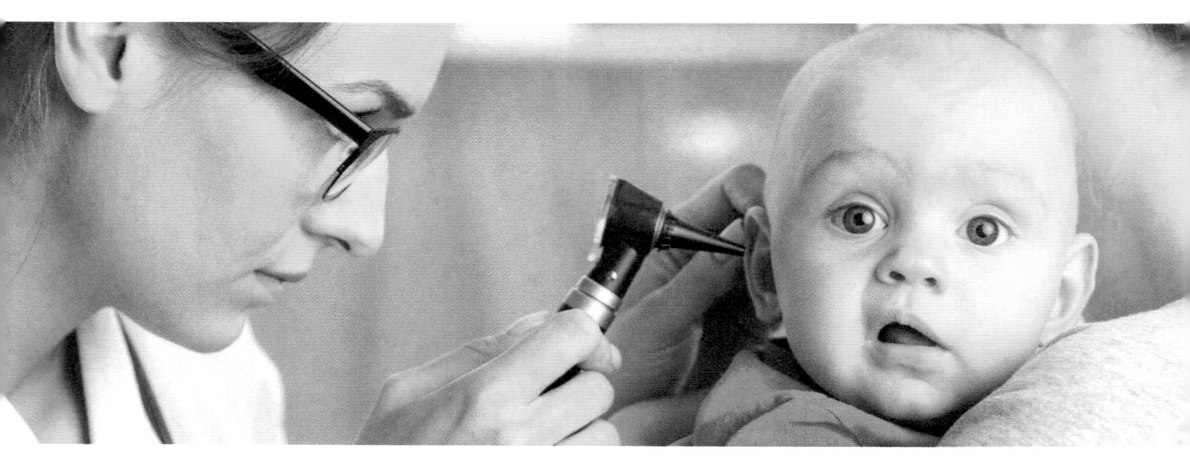

## 77. 副鼻窦炎和扁桃体肥大需要手术吗?

**问：孩子 3 岁，做 CT 检查发现副鼻窦炎和咽扁桃体肥大，经 1 年多中西药治疗无效，需手术吗？**

答：副鼻窦炎和咽扁桃体肥大是否需要手术，主要看症状的轻重。这两种病可引起呼吸不畅，其原因为鼻腔后方变窄，鼻腔吸入空气困难。可表现在夜间睡觉时张嘴，或打呼噜。此时口腔干燥，病菌容易入内，易发生上呼吸道感染。要使肥大的扁桃体完全恢复正常是有困难的。慢性扁桃体炎急性发作，应用抗生素治疗。如有此种表现，应该手术。

## 78. 孩子扁桃体肿大要不要手术摘除?

**问：孩子 5岁了，小时候易感冒，3岁以后才有好转，但至今扁桃体仍有花生米样大小，请问要手术摘除吗？**

答：目前国内学者普遍认为扁桃体对细胞免疫功能有一定的影响，故主张一般不做扁桃体摘除，只有特殊情况下才做手术摘除，如肾炎、风湿病患儿等。对反复发作的化脓性扁桃体炎，引起明显的呼吸道梗阻时，应进行摘除。目的是清除局部感染灶，以免引起肾炎、风湿病等的反复发作，并可通畅呼吸道，避免慢性缺氧对儿童的影响。如果仅仅是扁桃体稍大，并不反复发作，不需摘除。

# 第十章

# 头发

## 79. 头发稀黄是缺锌吗？

**问：1 岁半的儿子各方面发育都很好，就是头发稀黄，有人说是缺锌，真的吗？**

答：小儿头发稀黄不仅限于缺锌，其他营养素缺乏也可以表现在头发上。是否缺锌可以去医院给孩子查查微量元素，查血锌对诊断有帮助。

## 80. 头皮针输液会使小儿头发变黄吗？

**问：我儿子 6 个月时患肺炎，曾在头部扎过吊针，两个月后他黑黑亮亮的头发变得又黄又枯，且光泽也不如以前。有医生说是扎头皮针影响了“头部皮层”的缘故，是这样吗？**

答：头皮针输液是儿科最常用的输液方法，不会影响头部皮肤和毛发。宝宝头发黄、干，多见于佝偻病患儿，其次是营养失调的宝宝。请检查一下宝宝有无微量元素缺乏，有无活动期佝偻病。平日还应保证宝宝的营养平衡，加强锻炼，多到户外活动，增强体质。

## 81. 生姜擦头能使孩子头发又黑又密吗？

**问：1 岁多的女儿头发稀黄，老人说给小儿剃头后用生姜擦头，连擦 10 多天，就会生出又黑又密的头发。能这样做吗？**

答：我国民间确有用生姜擦头生发之说，但并不是所有擦过的人都能长出又黑又密的头发。头发是否黑密除受父母遗传因素的影响外，宝宝的头发还与是否患锌缺乏症、贫血及佝偻病等营养性疾病有一定关系。宝宝刚 1 岁多，建议你们还是不要给她剃头擦姜为好。

# 第十一章
# 皮 肤

## 82. 为何一到冬季孩子皮肤就干燥？

**问：我儿子 1 岁半，进入冬季皮肤就干燥得很，晚上脱掉衣服他就迫不及待地抓痒。这是为什么？**

答：宝宝皮肤干燥有痒感，最多见于维生素 A 缺乏造成的全身上皮组织角质变性。婴儿食品种类简单、奶量不足、加辅食晚等易出现亚临床型维生素 A 缺乏。断奶后长期用面糊、米糊、粥或脱脂奶喂养的孩子，也易发生维生素 A 不足。另外，长期腹泻的患儿也易出现维生素 A 缺乏。一般仅从食物调整即可补充维生素 A，如牛乳、蛋黄、肝及胡萝卜即可。胡萝卜一定要熟食，且最好与肉类同时煮熟或炸胡萝卜小丸子等。生吃胡萝卜营养不易吸收。必要时可在医生指导下服用维生素 A。此外，宝宝皮脂腺、汗腺尚未发育成熟，冬季皮肤易干燥，进而出现痒感，因此，每次浴后外涂润肤露保持皮肤湿润也很重要。

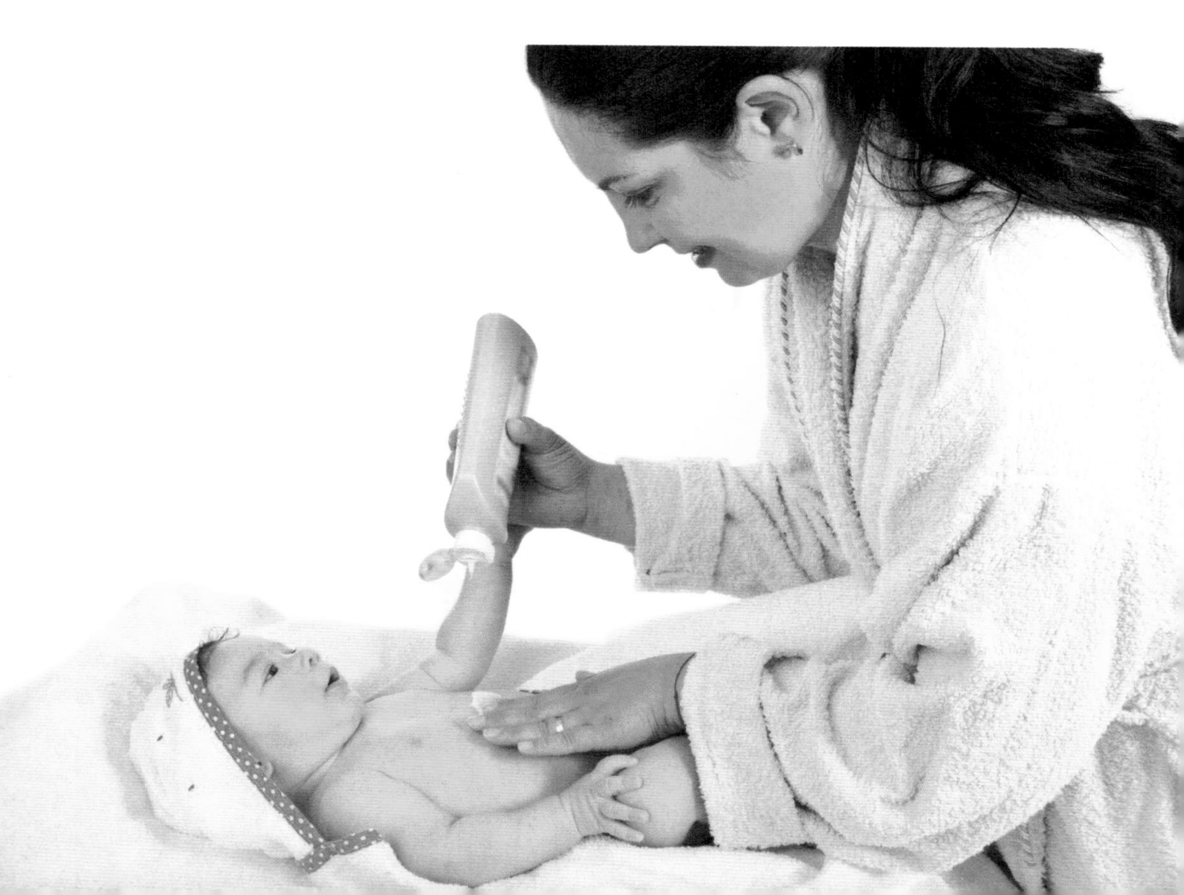

## 83. 干性湿疹为何总不见好?

**问：11 个月的女儿长时间长干性湿疹，很痒，用了许多药（"尤卓尔""皮康霜"等），一直不见好，请问这是怎么回事？**

答：干性湿疹多发生在 6 ~ 12 个月的宝宝。形成湿疹的原因很多，为变态反应性疾病，是全身性疾病，与食物关系很大。治疗湿疹不能只是局部抹些药膏，还要注意外涂润肤露保持皮肤湿润及进行全身治疗。首先避免喂过量食物，少食海味。如果牛奶过敏，可改用氨基酸配方粉或深度水解蛋白配方粉；口服抗组织胺类药物，如扑尔敏、苯海拉明等。中药治疗湿疹以清热、凉血、解毒为主，而治疗干性湿疹则以清热解毒为主。

## 84. 孩子有皮疹，还能不能擦护肤品?

**问：我的孩子有了皮疹，没有好之前，不能擦护肤品吗?**

答：皮炎或皮疹比较重时 最好不要用护肤品，而要先治疗原发病。因为发生皮炎后，皮肤的屏障受到损伤，抹护肤品容易过敏，或者加重病情。

皮炎比较轻时，可以抹一些护肤品。但不要抹有刺激性的、劣质的护肤品。如果用含香料、色素、防腐剂的护肤品，都可能加重病情，所以最好选用医用护肤品。

## 85. 吃水果为何口唇周围起小红疙瘩?

**答：我女儿自幼吃桃时口唇周围就起小红疙瘩，不疼不痒，半小时症状就消失了。现在 6 岁多了，吃梨、苹果也出现这种症状，且发痒。**

答：所谈情况是小儿对某些水果有过敏现象。起初不太重，不疼不痒半小时症状就消失了。目前不仅过敏水果种类增多，且症状较明显——发痒了。请不要再吃这几种水果，并应到医院做过敏试验，针对过敏原做脱敏治疗，以免过敏反应越来越重，出现意外（如喉头水肿）。

## 86. 口周湿疹怎么办？

**问：我的宝宝现已 7 个月，从两个月开始一直流口水，最近很厉害。嘴巴周围的皮肤红红的一大片，他也没有长牙的迹象，而且舌尖两侧总有些小红点点。请问宝宝总流口水是病吗？舌上的小红点是什么？需要吃药吗？（他从两个月全部用奶粉喂养，4 个月开始添加辅食：鸡蛋、米粉、鱼汤、小米汤、果泥。）**

答：1 岁以内的宝宝流口水是很常见的，这与婴儿期口腔狭小以及长牙等诸多因素有关，这就很容易在口周形成湿疹。由于流口水这一因素持续存在，口周的湿疹也就反复不愈，这是一个棘手的问题，还是要求家长要有足够的耐心。一方面要经常将口水擦拭掉，另一方面口周的湿疹可以按普通湿疹治疗。由于大多数治疗湿疹的药物都含有激素成分，不宜长期使用，应采用间断用药的方法，也就是说用含有激素成分的药膏控制病情后停药，以不含激素的护肤药维持一段时间后再重复用药。具体的做法是：每次饭后都要用清水洗口周，然后用外用药。舌头上的小红点可能是舌乳头。

## 87. 皮肤上起小疙瘩是缺乏维生素 A 吗？

**问：我的孩子现在 1 岁 8 个月了，在他去年夏天 8 个月大的时候，脸颊两边和胳膊外侧有小疙瘩，到医院诊断为缺乏维生素 A，医生开了维生素 A 丸和尿素软膏，用过以后，有所好转，但局部皮肤有些发黑，可是今年夏天一开始，脸上和胳膊上又开始出小疙瘩了。我胳膊上也有这种症状，医生说是遗传。请问这是否是遗传，能治好吗？用什么药更好呢？**

答：根据您的描述，您的宝宝患的可能是毛周角化症，这是一种和遗传有关的疾病，成人通常发生在上臂伸侧，儿童可发生在面颊、四肢两侧，为针头大小丘疹，有毛囊角栓，本病随年龄的增长有加重的趋势，且冬重夏轻，轻者一般不需要治疗，重者可外用维甲酸类药物，一般用药 1 个月以上才能奏效，停药后有可能复发。

## 88. 孩子被蚊虫叮咬后起水疱怎么办？

**问：夏天来临我很苦恼，我儿子被蚊虫叮咬后皮肤红一大片，起疱，奇痒无比。宝宝用手指去抓，连皮都抓破了。为何别的孩子不这样？**

答：蚊虫叮咬后皮肤红肿起水疱，属于过敏反应。对红肿破皮的局部要保护好，防止局部化脓感染。可用 3% 硼酸水消毒纱布冷湿敷，消肿止痒，还可以用雷夫奴尔溶液冷湿敷，预防感染。可以口服少量脱敏药（如扑尔敏）。要保证孩子的睡眠，防蚊也很重要。

## 健康加油站

### 湿疹的护理与治疗

湿疹是皮肤对多种外在和内在因子的过敏反应，大致可以分为内在因素和外在因素两方面。

引起过敏的内在因素：① 遗传过敏性体质；② 胃肠道功能障碍；③ 体内慢性感染灶；④ 免疫状态发生紊乱，如紧张、劳累和精神创伤及重症感染等。

引起过敏的外在因素：① 物理因素，如冷、热，过度干燥、潮湿及搔抓等；② 化学因素，如肥皂、化纤、毛织品及洗涤用品等；③ 生物因素，如花粉、真菌孢子、尘螨、小动物的皮毛及分泌物等；④ 食物因素，如牛奶、鸡蛋、海产品及牛羊肉等。

护理与预防：① 尽管湿疹病因复杂，仍应尽可能找出致病的因素，予以祛除。在饮食方面，如对牛奶过敏的宝宝，应予母乳喂养，或选择氨基酸配方粉或深度水解蛋白配方粉，也可以用其他代乳品替代，避食奶油、奶酪、冰激凌等奶制品。② 在穿衣方面，内衣应宽大，并用纯棉制品，尽量不穿丝、毛及化纤制品。③ 搔抓、摩擦、肥皂洗、热水烫及不适当的外用药刺激常使湿疹加重，应予避免。勤给剪指甲，以免他挠破皮肤。④ 在湿疹发作时，应少吃鱼、虾、蟹等蛋白质食物，以免加重病情。⑤ 护理上应注意保持皮肤的清洁，每日温水浴（水温36～38℃）不超过两次，浴后用润肤剂防止皮肤干燥。总之，要对婴儿湿疹的反复发作有足够的耐心，随着年龄的增长，大多数是会自然缓解的。

### 小儿急性发疹性传染病简介

麻疹

病原：麻疹病毒。

传播途径：飞沫为主，接触患者口、鼻、眼部分泌物。

易发季节：春季。

主要症状：

① 发热（3～4天）：12小时后有眼部的症状，开始畏光；再过12小时出现咳嗽、

流涕等呼吸道的症状及黏膜充血。与此同时，在口腔内两颊出现白色的麻疹黏膜斑。

② 出皮疹（3 ~ 5 天）：顺序是从上至下，像从头被泼了水一样，由耳后发际开始，渐及额、面、颈、躯干和四肢，有的甚至手足可见。开始出疹子时，烧得更高。

③ 疹子的形态：淡红色丘疹，可融合，疹间可见正常皮肤。

④ 退疹：出疹 3 ~ 5 天开始退疹，退疹顺序与出疹相同。

### 风疹

病原：风疹病毒。

传播途径：飞沫，接触患者口、鼻、眼部分泌物。

易发季节：冬、春季。

皮疹特点：速来速去。

主要症状：

① 中低度发热，有轻咳或咽充血。

② 发热 1 ~ 2 天出现红色散在斑疹、丘疹或斑丘疹，最早开始于面部，24 小时内遍布躯干、四肢及全身皮肤，耳后、枕部及颈后淋巴结肿大并有触痛。

③ 退疹：在 1 ~ 3 天迅速消退，无色素沉着。

### 幼儿急疹（婴儿玫瑰疹）

病原：人类疱疹病毒 6 型。

传播途径：经呼吸道飞沫传播。

易发季节：四季均可见到，但以冬、春季多见。

皮疹特点：热退疹出，多见于两岁以下的小儿。

主要症状：

① 起病急，突然高热达 39 ~ 40℃，高热持续 3 ~ 5 天后热度下降，热退疹出。

② 出疹前可有呼吸道或消化道症状，如咽炎、腹泻，同时颈部周围淋巴结普遍增大。

③ 出疹顺序：先见于颈部及躯干，迅速布满全身，腰部及臀部较多，面及四肢远端皮疹甚少。

④ 皮疹多不规则，为小型玫瑰斑点，也可融合一片，压之消退。紫红色斑丘疹与风疹类似。邻近皮疹融合成片时类似猩红热，1～2天皮疹消退，不留任何痕迹。

### 水痘

病原：疱疹组病毒。

传播途径：飞沫、接触。

易发季节：四季均可见到。

特点：皮疹上有疱疹，疹子之间有正常皮肤。

主要症状：

① 发热、不适，同时出现皮疹。

② 皮疹以躯干最多，其次为头面、四肢，初为红色小丘疹，逐渐发展为椭圆形的水疱疹。

③ 疹壁薄，易破裂，继发感染时可称为脓疱疹。

④ 数天后，疱疹转干，结痂。痂皮脱落，不留疤痕。

### 流行性脑脊髓膜炎

病原：脑膜炎双球菌。

传播途径：飞沫。

易发季节：冬、春季多见。

疾病特点：起病急骤，突发高热，皮疹，伴有恶心、呕吐、头痛。

主要症状：

① 初期与一般性感冒无异。

② 发热、出疹。

③ 疹子大小不等，不高出皮肤表面，是出血点。疹子分布不均（受压部位多见），形态多为星状。

④ 皮疹的进展情况：开始只有针尖大小→红色、紫红色的瘀点瘀斑→紫黑色大片瘀斑。此期持续 24 ～ 48 小时，在此期间可出现感染性休克。

# 第十二章

# 血 液

## 89. 新生儿自然出血有无后遗症?

**问：宝宝生后10小时就出现呕血、便血，诊断为“新生儿自然出血”。现在刚满两个月，看上去白白胖胖的，将来会不会出现后遗症？应如何护理？**

答：新生儿自然出血不留后遗症。科学喂养，及时添加辅食，即可保证今后不出现贫血。应按时加蛋类、肝类、鸡鱼肉类及新鲜果汁、菜汁及蔬菜。按不同月龄有计划加辅食。

## 90. 有胎痣是血液有病吗?

**问：我女儿7岁，身上有胎痣至今没有掉，有人说是血液里有病，我为此担心。**

答：胎痣属于色素的沉着，大多数随年龄增长而消失。并非血液有病，请放心。

## 91. 毛细血管瘤能自行消退吗?

**问：女儿出生第二天就发现她左上眼皮及后颈部均有“红斑”，不突出表皮，用手压住能褪色。医生说法不一，让人心中很不安。**

答：毛细血管瘤分3种类型：红色斑（又称新生儿斑），多能自行消退；焰色痣（又称葡萄酒色斑），虽不扩大，但亦不消退；莓状毛细血管瘤虽然消退，但要到2～3岁甚至5～6岁才渐渐消退。你的宝宝有可能是红色斑，这种斑消退较快，不需治疗。而后两种斑往往要做激光或同位素治疗，请观察局部变化。这种皮肤变化不是发育不良，只是影响外观而已。

## 92. 前囟门处的毛细血管瘤影响智力吗?

**问：我儿子3个月，前囟门处长了一个毛细血管瘤，医生说需手术。此处的瘤会影响智力吗？**

答：因毛细血管瘤会随年龄长大而增大，且局部血管丰富，面积太大了不易治疗，故主张早期治疗。多数用激光、冷冻等。任何部位的毛细血管瘤都不会影响智力。

## 93. 孩子红细胞和血色素低于多少算贫血?

**问：我孩子 7 岁，血色素 10.9g，医生说是轻度贫血，应如何理解？**

答：检查红细胞和血红蛋白（血色素）的含量即可判定孩子有无贫血。目前学龄儿一般按照红细胞少于 400 万，血色素低于 12g，认为有贫血。根据降低的程度多少，分为轻、中、重、极重度贫血。在正常情况下，红细胞和血色素间有一定比例关系，即 100 万红细胞：3g 血红蛋白。有时可以从红细胞数或血色素量，推算出另一方的数量。如你孩子的血色素为 10.9g，可推算出红细胞约为 363 万左右。但是，必须指出，在不同原因的贫血状况下，红细胞与血红蛋白的比例不一定是上述情况。有时红细胞偏高些，或血色素偏高些，可以为 300 万：7g，或 300 万：11g。贫血的诊断标准主要看血红蛋白，红细胞数量仅作为参考。

## 94. 孩子贫血，食补还是药补?

**问：我女儿 3 岁 3 个月，医生诊断为缺铁性贫血。一天，我给她吃了猪肝，又给她吃了鸡蛋、青菜、虾皮。又想起一本书上说过，补铁的同时要停止补钙。我这样给她吃会不会抵消了，什么营养也得不到了？缺铁性贫血除了食补以外，还用药补吗？用什么药好呢？**

答：铁有两种形式，二价铁和三价铁，前者易吸收，后者不易吸收。钙不会使二价铁转化为三价铁，因此补铁时补了钙一般不影响铁的吸收。如果补铁时补维生素 C，可使三价铁还原成二价铁，有利于铁的吸收。是否需要药物治疗缺铁性贫血，要看贫血的程度。如果很轻微，单纯食补可能奏效，一般血红蛋白低于 10g/dl 时应给予药物治疗。药物治疗一定要在医生指导之下用药。但诊断缺铁性贫血的同时应注意叶酸及维生素 $B_{12}$ 缺乏引起的巨幼细胞性贫血。

## 健康加油站

### 小儿为何易患缺铁性贫血?

缺铁性贫血是小儿贫血疾患中最常见的一种，多发生在出生后 6 个月至 3 岁。

造成缺铁性贫血的原因有以下诸多方面:

① 早产儿及低出生体重儿。新生儿体内含铁量与其体重成正比，早产、低出生体重的孩子体内含铁量低于正常新生儿。

② 生长速度与贫血有关，其中以体重增长与小儿贫血关系最大。具体说，出生时血红蛋白为 190g/L，到 4 个半月 ~ 5 个月时，小儿体重增加 1 倍，而血红蛋白下降到 110g/L 左右，说明此期婴儿仅动用母体储存于婴儿体内的铁即可维持需要，尚可不必从食物中加铁。如果婴儿太胖，在 3 个月时已达到初生体重的 1 倍，那么到 3 个月左右已动用“完了”体内铁储备量，而这时辅食添加尚较困难，很容易出现贫血。所以，长得太快容易出现贫血。

③ 婴儿饮食中易缺铁。婴儿以乳类食品为主，母乳铁含量与母亲饮食成分有关。人乳的铁吸收率较高，缺铁时吸收率可达 50%；牛乳、羊乳的铁吸收率不及人乳。如果婴儿 6 个月前无法喝到母乳，则应给婴儿服强化铁配方粉。就是母乳充足时，如不按时添加辅食，亦必然发生缺铁性贫血。一般说，正常足月儿一年应补充铁 156mg，而早产儿则需补充 276mg，比足月儿多 77%。

④ 长期少量失血也会造成小儿缺铁性贫血。如患钩虫病就是一个长期少量失血的典型例子。消化道出血性疾病也是原因之一。另外，给婴儿每天食用大量未煮沸的鲜牛奶，可出现慢性肠道失血。

⑤ 长期慢性消化道疾患也易引起缺铁性贫血。如长期腹泻、呕吐、脂肪痢等等。长期发热、急慢性感染等，均会使消化道吸收不良。

# 第十三章

# 性发育

## 95. 男宝宝出生后要挤乳房吗？

**问：我儿子已 3 个月，有人说男宝宝生后 3 天内一定要挤乳房，否则将来长大乳房会增大，真是这样吗？**

答：这些说法没有科学道理，婴儿的乳房不能随便挤，否则易出现局部红肿、感染或化脓，弄不好，还有可能危及生命。

## 96. 宝宝为何睾丸一上一下？

**问：我儿子出生已半个月，发现一个睾丸在阴囊的右上方，一个在左下方，不知是何原因？**

答：睾丸在阴囊里是可以上下左右活动的，并非固定在一个位置，其位置多与阴囊内的一种叫作提睾肌的肌肉和阴囊的收缩与舒张有关。孩子尚小，阴囊也小，睾丸的活动范围也小。只要用手推一下睾丸，如能左右上下活动就是正常的。倘若处于阴囊右上方的睾丸不能活动，或者不能向下只能向上活动，则应注意观察。到 1 岁时若睾丸仍处于高处，则须到医院检查诊治。

## 97. 女儿半岁，乳头下陷用什么方法处置？

**问：女儿半岁，乳头下陷，请问用什么方法解决？**

答：如果小女孩很胖，乳头也可表现为下陷。如果孩子不胖，乳头下陷，目前不必管它，待青春发育期可能会有改观。

## 98. 宝宝乳房为何有硬块？

**问：女儿 21 个月，乳房内有硬块，已较长时间没有变小。是否与出生时没有挤奶有关？**

答：你孩子乳房内有硬块与出生时没有挤奶无关，况且孩子出生后不应挤奶。挤奶易造成损伤、感染。乳房内出现硬块与体内雌激素过多有关，多为一过性的，经过一段时间即会自行消失，不必处理。如硬块越来越明显，属于乳房早熟，可去医院检查。

## 99. 宝宝生殖器比别的孩子小？

**问：我 7 个月的宝宝生殖器比同龄儿要小许多，但小便和其他均未见异常。**

答：刚刚 7 个月的小儿是否真的是小阴茎，通常家长自己很难判断。有时肥胖儿阴茎缩在里面，看似很小，其实并不小。小阴茎系阴茎发育不良，多伴有睾丸发育不良，常见于垂体功能减退症等。若不放心，可以带孩子去医院检查一下，请医生诊断处理。

## 100. 隐睾一定要手术吗？手术有无后遗症？

**问：我儿子 7 个半月发现隐睾，这种病是否必须手术治疗？手术有无后遗症？**

答：隐睾医学上又称“睾丸下降不全”。诊断明确的患儿，可在患儿 10 个月时开始内分泌治疗（用促性腺素释放激素及绒毛膜促性腺激素）。如保守治疗失败，则应在孩子两岁前采取手术治疗，手术安全，效果稳定。隐睾治疗不及时，可导致成年后不育，少数患者还可能继发恶性肿瘤，故应积极治疗。

## 101. “小鸡鸡”会不会被他抓坏？

**问：我儿子 6 个月，手劲很大，经常抓“小鸡鸡”，防都防不住，怎么才能使他不抓？不管他行吗？**

答：尽量不要让孩子去抓外生殖器，过于用力会造成皮肤或器官的损害。要仔细查一下孩子搔抓的原因。如外生殖器的炎症、阴囊湿疹均可引起小儿的搔抓。应带孩子去医院就诊，不能不管他。

## 102. 包茎手术后再次粘连还要手术吗？

**问：我儿子 5 个月时因包茎包皮粘连做过包皮分离手术，15 个月时阴茎红肿，包皮发炎化脓，经服药已消肿。医生讲还要做分离术，我怕手术后再次粘连，不知此次是否还要手术？**

答：包皮手术后再次发生炎症化脓引起粘连，并不是手术本身的问题，而是家庭护理做得不好。应每天先翻起包皮，为孩子清洗，可以有效防止感染和粘连。如目前

仍有粘连，还是早做剥离术为好。若卫生条件差，不能每天翻起清洗的话，可考虑剥离后切除过长的包皮。以防影响龟头的发育。

## 103. 女儿是否患了霉菌性阴道炎？

**问：5 个月的女儿外阴总有白色粉状分泌物。我在孕前已患霉菌性阴道炎，孕期怕影响胎儿，没敢用药物治疗，并采取了剖宫产。请问：小女是否患了霉菌性阴道炎？**

答：你女儿有患霉菌性阴道炎的可能。如果你平时用的毛巾、浴盆与女儿不分，或用自己的浴盆给女儿洗尿布的话，可能性就更大了。请你们母女都到妇科检查一下阴道分泌物。如是此病，请按医嘱正确治疗，不要再等待。治愈后也应巾盆分用，勤洗手，注意防止复发。

## 104. 常用婴儿皂给孩子洗屁股，为何还有分泌物？

**问：女儿 4 岁，前两天突然发现她外阴部有混浊分泌物，黄色微臭。医生让用 pp 粉坐浴，两次就好了。我经常给女儿用婴儿皂洗屁股，为何还会这样？**

答：为女婴洗外阴是很有讲究的，女宝宝应该用冲洗的方法，从上往下冲洗，以防经过肛门处的水污染外阴部。如果用盆洗，必须把盆清洗干净，毛巾（或纱布）煮沸，并用煮沸后凉温了的水洗。母亲要先把自己的手冲洗干净，如手上有甲癣之类，绝不可给女儿洗外阴。洗屁股的小盆要专人专用，更不能用洗脚盆给孩子洗屁股。肥皂不是消毒液。任何不洁、有刺激性的肥皂都不适用于女宝宝的外阴清洗，否则还可能会洗出外阴炎来。

## 105. 包皮下的疙瘩是什么？

**问：我的孩子在阴茎上、包皮下有米粒大小的疙瘩，有滑溜的感觉，不移动，不痛也不痒，是否为瘤子？**

答：这不是瘤子，叫作“包皮垢”，是由于尿中的一些污垢堆积而形成，多见于包皮过长或有包茎的男孩，包皮过长者，处理的办法是在温水中浸泡后，轻轻地将包皮下翻，将垢石洗掉即可。包茎者应做包皮环切手术。

## 106. 女儿摩擦阴部是不良习惯吗？

**问：我女儿4岁半，她有一种奇怪的行为。有时睡前她会双腿夹紧，肚子一起一伏，目光凝视，直到一头大汗后才能入睡。发作时不愿别人打扰，且随年龄增长，越来越频繁，实在令人焦急。**

答：幼儿摩擦自己的外生殖器时会拒绝成人干扰，并出现面红耳赤、眼神凝视、大汗等现象，可持续数分钟，伴有快感。年龄大一点儿的孩子还可在突出的家具角处、自行车座等处摩擦外阴部。一定要注意阴部清洁，有局部湿疹及蛲虫等可诱发该行为，应注意认真治疗，予以避免。

这种习惯并非不良行为，对有此类行为的儿童千万不要打骂、惩罚和讥笑，可鼓励孩子睡前多做些运动，使之能较好入睡；穿宽松长袖睡衣，使手不易触及阴部；在入睡前为她讲个故事，转移她的注意力。

## 107. 女儿是否性早熟？

**问：近来经常看到报纸杂志上报道孩子喝某些口服液引起性早熟。我女儿6岁前喝过20盒左右“花粉口服液”。现在11岁，近一年突然长了12cm，现身高1.45m，且今年乳房发育，还长了腋毛、阴毛，来过两次月经。请问她是否性早熟？**

答：11岁女孩乳房发育、长个儿等说明你女儿已进入青春发育期，所以出现第二性征，与她年龄也相符，不是性早熟。某些口服液确可造成不良影响，应少吃或不吃营养口服液。

# 第十四章

# 抽 搐

# 108. 宝宝的痉挛症能根治吗?

**问：儿子 7 个月。出生时我肚子疼了 3 天，没有任何反应，医生给我破了羊水，羊水三度污染，胎儿严重缺氧，所以，赶紧做了剖宫产手术。孩子生下以后的两天内没有任何反应，也没有窒息的现象，可两天以后医院确诊是“缺氧性脑病”。经过 10 天的治疗，我儿子的病有了明显的恢复和好转，我以为不会有什么后遗症。可是就在儿子 3 个半月的时候却发现了这样一些症状：眨眼、流泪、握拳、点头等。医生说我孩子得的是婴儿痉挛症，是缺氧缺血性脑病的后遗症。我想问：**

**① “婴儿痉挛症”真的会对我儿子的大脑及四肢运动有极大的影响吗?**

**② 这种病会不会给他以后的生活带来不便? 他是否也能像正常孩子一样生活? 反应会不会很迟钝?**

**③ 这个病是否只能控制? 是否能除根?**

答：从您的描述看，“婴儿痉挛症”的可能性很大，确诊还需要做脑电图检查，婴儿痉挛症典型的脑电图改变为“高峰失律”。

婴儿痉挛症中，80%～90%为症状性，即可以找到病因，如围产期缺氧缺血性脑损伤、代谢病、脑发育畸形，仅 10%～20%无病因存在，为原发性。

症状性婴儿痉挛症惊厥不易控制，长期预后不好，约 90%～95%病例存在智力、精神、运动发育落后，50%～60%以后出现其他形式的癫痫发作。

# 109. 习惯性痉挛综合征与肠痉挛有关吗?

**问：我的宝宝患了肠痉挛，书上说有种病叫习惯性痉挛综合征，它与肠痉挛有关系吗?**

答：习惯性痉挛综合征又叫抽搐综合征或局部抽搐综合征或精神性抽搐综合征等。该综合征是一种常见的儿童神经官能症，5～10 岁男孩多见。也可见于脑炎后有局部病灶型癫痫的患儿，但大多没有脑器质性病变。常见刻板的、短暂的一组肌群抽动，如挤眉弄眼、做怪相、耸肩、点头、摇头、摇动手臂、下肢抽搐等。入睡后症状消失，情绪紧张时加剧。可伴有遗尿、睡眠障碍等。要与癫痫小发作、小舞蹈病等加以区别。此综合征以心理治疗为主，与肠痉挛毫不相干。

## 110. 高热惊厥就是癫痫吗?

**问：我女儿两岁半，高热惊厥了 3 次，医生建议长期服抗癫痫药预防。请问长期服此类药有什么副作用？会影响小儿智力吗？**

答：高热惊厥是婴幼儿时期由于发热而导致的抽搐，因此在孩子发生感染的时候，家长应多加注意，尽量控制体温，以避免抽搐的发生。5 ~ 6 岁后，神经系统发育完善，高热惊厥就会消除。通常情况下，高热惊厥不需要服用抗癫痫药物，只有少数情况下，如发作频繁，1 年发作大于 5 次；发作持续时间长，一次发作超过半小时；有癫痫家族史；脑电图有癫痫样放电等情况才服用抗癫痫药物。不同的抗癫痫药物的副作用不同，常见的副作用有肝功能损害，白细胞、血小板降低。大部分抗癫痫药对智力的影响不大。

## 111. 孩子抽搐真的"没什么"吗?

**问：我儿子 3 岁半，1 岁时因缺钙抽搐一次，感冒发烧抽搐一次，前几天摔跤后又抽了一次。医生说："6 岁前小儿神经发育不完善，没什么。"真如此吗？孩子为何抽搐？**

答：虽然说小儿 6 岁前神经系统发育尚不完善，但也不会无缘无故发生抽搐。请带孩子去检查一下，做个脑电图，看看有无癫痫等疾病。除幼小时因低钙抽搐和高热惊厥外，任何不发热的抽搐，都说明孩子可能有神经系统疾病，切勿延误诊治时间。

## 112. 用什么方法可以根除孩子高热惊厥?

**问：我孩子今年 3 岁多了，在他 1 岁左右因发热，出现过一次惊厥，从此体质也变差了，易感冒，一旦发热就成高热惊厥，似乎越来越严重。我听医生说高热惊厥次数多了会使他以后变得痴呆，所以这就成了我心中的最痛。请问，用什么方法可以根除幼儿的高热惊厥？怎样消除对幼儿的身体损害？**

答：高热惊厥是小儿时期由于高热引起的抽搐，大部分儿童 5 ~ 6 岁之后就不再发生

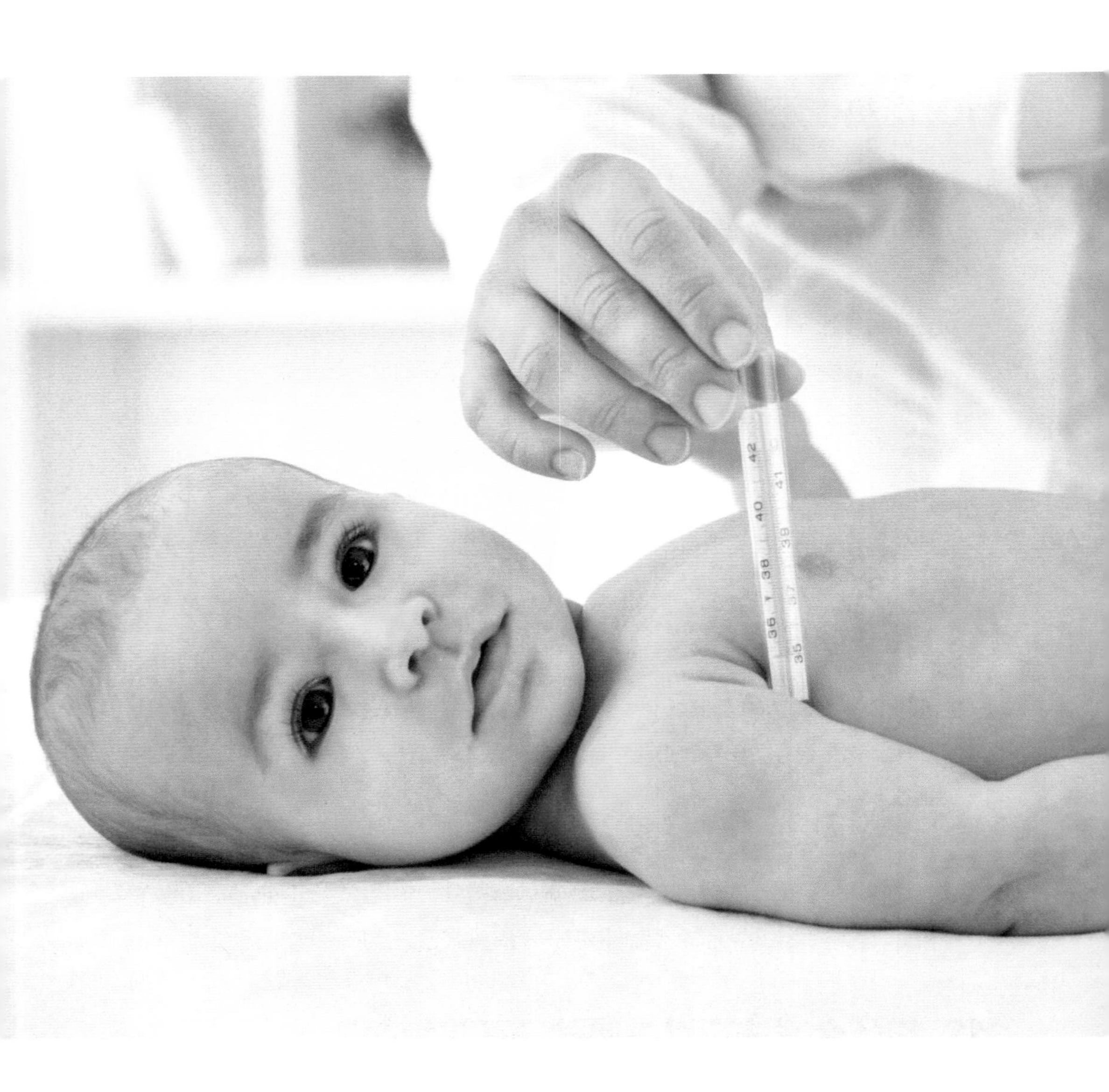

高热惊厥。在此年龄之前应注意避免感冒发烧，一旦有发热应及时降温，以避免抽搐的发生。对于发作过于频繁者，应到医院就医，由医生决定是否需要预防性应用抗惊厥药物。还有少数儿童由于反复惊厥导致脑损伤，引起癫痫，不发烧也会抽搐。对这样的孩子应定期进行脑电图的检查，及早发现，及早抗癫痫治疗。

# 第十五章
# 其 他

## 113. 新生儿黄疸是病吗？

**问：我女儿刚出生 4 天。孩子足月顺产，一生下来就有 3500g，一切正常。昨天一接回家姑姑就说孩子黄，有病。在医院里听说发黄的孩子会变傻，我越想越害怕。**

答：黄疸是新生儿常见的一种临床症状，分为生理性黄疸和病理性黄疸两种情况。从孩子的情况看，尚属于新生儿生理性黄疸。大约有 50% 的正常新生儿和 80% 的早产儿会出现生理性黄疸。生理性黄疸大多在出生后第 2 ~ 3 天出现，4 ~ 6 天最重，7 ~ 14 天消退。但一般最长不超过 14 天。极少数新生儿可持续 3 ~ 4 周。这种生理性黄疸的新生儿，多数精神反应良好，不伴有其他症状，个别新生儿吃奶较平时略差些。不需治疗，可以自愈。

## 114. 宝宝趴着睡觉是有蛔虫吗？

**问：宝宝 3 岁，自幼总爱趴着睡觉，询问医生说肚子里有蛔虫，但多次吃药无效。**

答：小儿爱俯卧睡眠并无害处，且俯卧睡眠可增大肺活量。孩子已 3 岁，这个姿势睡眠亦不会出现窒息，不必纠正，也不说明肚子里有寄生虫。

## 115. 孩子晨起干咳是什么病？

**问：我女儿 3 岁，反复咳嗽 3 个多月。一般多在起床后干咳。拍胸片没有问题。究竟是什么病？**

答：咳嗽多为呼吸道疾病的表现，可为上呼吸道感染、气管炎或肺炎。咳嗽的轻重、时间的长短不能说明病变的部位。咳嗽时间长不一定是肺炎或支气管炎。咳嗽时轻时重，持续时间较久，多为反复几次感染造成。有时，只有晨起干咳几声，不一定是呼吸道有什么炎症，而是呼吸道或口腔中的分泌物在一夜中积聚在嗓子里，起床时由于体位的变化，刺激咽部而出现咳嗽，就像喝水呛了嗓子引起咳嗽的道理一样，不必用药。

## 116. 孩子患感冒或肺炎时为何呕吐？

**问：孩子两岁，出生后常有呕吐，尤其患感冒或肺炎时易呕吐，甚至干呕。请问这是怎么回事儿？**

答：小儿患感冒、肺炎等呼吸道疾病时，出现呕吐是疾病本身的一个症状，是消化道反应，待孩子长大些就会好的。平日应加强体育锻炼，对防止感冒增进健康有利。

## 117. 支原体肺炎难治愈吗？

**问：孩子 1 岁 5 个月了。1 岁时曾患肺炎，高热 40℃达 11 天之久。初诊为腺病毒肺炎，反复 3 次，最终诊断为支原体肺炎，至今未愈。3 个多月拍片 9 次，不知对孩子有何不良影响？支原体肺炎这么难治愈吗？**

答：无论腺病毒肺炎还是支原体肺炎，都有一个共同的特点，就是热退、咳嗽好了之后，肺部炎症部位长时间不吸收，拍 X 片时仍可见大片阴影。这种情况可长达半年至 1 年多。如果孩子不出现高热、重咳，可以不必再用“重药”，可服用中药汤剂。知道了肺部炎症吸收很慢这种情况，大可不必短时间内反复拍片。

## 118. 呼吸道感染什么时候要用抗生素？

**问：我的孩子 4 岁，体质较弱，尤其是冬天上呼吸道总出问题，医院常给开抗生素类的药。现在“滥用抗生素”的话题很受关注，我很想知道呼吸道感染什么时候要用抗生素。**

答：一般的呼吸道感染以病毒感染居多，抗生素没有作用，所以用药一般以抗病毒的中药为主。不过，如果孩子患呼吸道感染时间比较长，身体对病菌的抵抗力已经下降，潜伏在呼吸道内，平时不会引起任何症状的正常菌类，就有可能变成致病菌，侵袭身体，引发继发或并发的细菌感染。有些孩子得了感冒，到了第 3 ~ 4 天就开始扁桃体化脓，就是这个原因。如果孩子咳嗽发热 3 天以上不见好，继发或并发了细菌感染，医生就会开始考虑用抗生素。

## 119. 宝宝发烧，什么情况下要带孩子上医院？

**问：我的孩子 1 岁 8 个月，每次一发烧都抱着往医院跑。邻居的奶奶说，只要孩子精神好，烧的温度又不是很高的话，没必要每次都跑医院，让大人孩子都受罪。我判断不好什么情况下，要带孩子上医院。**

答：孩子的病是否要紧，不能光看烧得高不高，而主要看孩子的精神状态好不好。如果孩子只是发烧，还活蹦乱跳的，吃点儿药就能好，就没有必要去医院。但是，如果持续发热两天以上不退，或者突发高热，孩子精神不好，就要尽快带孩子看医生。如果孩子精神不好，就是低烧也要去看病。如果孩子精神好，烧高一些也不要紧。

## 120. 孩子的体温怎么有时高有时低？

**问：孩子才两周，我们每天为他试体温 4 ~ 6 次，发现波动太大，他是不是有重病？**

答：健康小儿安静时的体温平均值在 36 ~ 37℃。但小儿体温受很多因素影响，且孩子越小外界环境对他们体温的影响越大。新生儿体温的特点是：由于体温调节中枢发育尚不完善，且皮下脂肪薄、体表面积相对较大，故极易受外界环境的影响，如喂奶、饮水、进食、哭闹、剧烈运动、衣被过厚、室温过高等等都可使新生儿体温升高；反之，由于室温过低、保温条件差、饥饿、食物中热量供给不足等，则可使他体温下降。

健康的成年人上午和下午的体温也有一定区别。春、秋、冬季上午的平均体温为 36.6℃，下午 36.7℃，而夏季则高些，上午 36.9℃，下午 37℃。